规模化养殖场卫生防疫技术丛书

羊场卫生防疫

权　凯　方先珍　编著

河南科学技术出版社
·郑州·

图书在版编目（CIP）数据

羊场卫生防疫/权凯，方先珍编著. —郑州：河南科学技术出版社，2013.10
（规模化养殖场卫生防疫技术丛书）
ISBN 978-7-5349-6353-7

Ⅰ.①羊… Ⅱ.①权… ②方… Ⅲ.①羊-养殖场-卫生防疫管理
Ⅳ.①S858.26

中国版本图书馆 CIP 数据核字（2013）第 215391 号

出版发行：河南科学技术出版社
地址：郑州市经五路 66 号　　邮编：450002
电话：（0371）65737028　65788613
网址：www.hnstp.cn
策划编辑：申卫娟　　编辑信箱：hnstpnys@126.com
责任编辑：申卫娟
责任校对：耿宝文
封面设计：张　伟
版式设计：栾亚平
责任印制：张　巍
印　　刷：河南省罗兰印务有限公司
经　　销：全国新华书店
幅面尺寸：148 mm×210 mm　印张：8.25　字数：237 千字
版　　次：2013 年 10 月第 1 版　2013 年 10 月第 1 次印刷
定　　价：20.00 元

前言

羊属于哺乳纲，偶蹄目，牛科，羊亚科，食草反刍家畜，有绵羊和山羊，为六畜之一。羊是牛科分布最广、成员最复杂的一个亚科。羊全身是宝，其毛皮可制成多种毛织品和皮革制品；羊肉肉质较细嫩，容易消化，高蛋白、低脂肪，富含磷脂，胆固醇含量少，是绿色畜产品的首选；羊血、羊骨、羊肝、羊奶、羊胆等可用于多种疾病的治疗，具有较高的药用价值。

中国的养羊历史悠久，原始社会人类从渔猎生产方式逐渐过渡到畜牧生产方式首先是从养羊开始的。早在5 000年以前，野生绵羊和山羊已被驯化为家畜，为人们提供肉、奶、毛、皮等生活资料，后魏时期已有羊的繁殖、疾病治疗等方面的记载。由于各种原因，近代中国养羊业落后于欧美，甚至非洲等国家。

目前，一谈到肉羊养殖，大多数人的第一反应就是放羊。放牧模式是从5 000年前延续到现在，放眼整个社会，哪个行业还在坚持着5 000年前的生产模式，如何实现中国养羊业的崛起，应该结合自身实际。工厂化养羊业，是中国养羊的必经之路。工厂化养羊业，不仅要有现代化的人才，还要有与现代化相配套的基础设施设备，实现现代化的饲养和管理。充分利用现代化设施设备，借鉴猪、鸡、牛等养殖模式，结合羊的生理特点，减少劳动力使用。充分利用现代化技术体系，加速肉羊养殖模式的转变。现代化企业的经营理念是发展现代标准化肉羊养殖的前提，要以现代化企业的经营理念去经营肉羊产业。同时，要充分利用当地资源，结合羊的生理特点，充分利用现代化饲料生产加工设施设备。

作者根据自己对养羊业的理解，编写了《羊场卫生防疫》一书，主要从羊的品种、羊场建设、羊的饲养管理、羊的饲料营养、羊场的生物安全措施、羊的保健与疫病监测和羊常见病的诊断和治疗多方面着手，结合规模化羊场以及羊的生理特点进行综合介绍。供养羊企业、养殖户及相关技术人员参考。

感谢河南绿源肉羊发展有限公司、封丘应举循环农业有限公司、河南杜泊实业有限公司、内乡言煦牧业有限公司、山西皇甫开泰养殖合作社、河南省乐农牧业有限公司、浚县鑫林牧业有限公司等提供的图片，在此一并表示感谢。

由于编者水平所限，书中若有不当和错漏之处，诚望读者批评指正。

编　者

2012 年 10 月

目 录

第一章 概 述

羊病主要包括传染病、寄生虫病、普通内科病、营养代谢病、中毒性疾病、外科病、产科疾病等，随着规模化养羊的快速发展，羊的疾病明显增多。结合现代化规模养羊的特点，有效地控制羊病的发生，羊场的卫生防疫起着决定性的作用。

第一节 国家对羊场疫病防治的相关措施

一、面临的形势

（一）羊场疫病防治基础更加坚实

近年来，在中央一系列政策措施支持下，动物疫病防治工作基础不断强化。法律体系基本形成，国家修订了动物防疫法，制定了兽药管理条例和重大动物疫情应急条例，出台了应急预案、防治规范和标准。相关制度不断完善，落实了地方政府责任制，建立了强制免疫、监测预警、应急处置、区域化管理等制度。

（二）羊场疫病流行状况更加复杂

口蹄疫等重大动物疫病仍在部分区域呈流行态势，存在免疫带毒和免疫临床发病现象。布鲁杆菌病、包虫病等人畜共患病呈上升趋势，局部地区甚至出现暴发流行。

（三）羊场疫病防治面临挑战

基层基础设施和队伍力量薄弱，活羊跨区调运和市场准入机制不健全，疫病防治仍面临不少困难和问题。

二、指导思想、基本原则和防治目标

（一）指导思想

羊场疫病防治应坚持“预防为主”和“加强领导、密切配合，依靠科学、依法防治，群防群控、果断处置”的方针，以促进动物疫病科学防治为主题，以转变兽医事业发展方式为主线，以维护养殖业生产安全、动物产品质量安全、公共卫生安全为出发点和落脚点，实施分病种、分区域、分阶段的动物疫病防治策略，全面提升兽医公共服务和社会化服务水平，有计划地控制、净化和消灭严重危害畜牧业生产和人民群众健康安全的动物疫病。

（二）基本原则

羊场疫病防治的基本原则是：政府主导，社会参与；立足国情，适度超前；因地制宜，分类指导；突出重点，统筹推进。

（三）防治目标

羊场疫病防治目标是：到 2020 年，形成与全面建设小康社会相适应，有效保障养殖业生产安全、动物产品质量安全和公共卫生安全的动物疫病综合防治能力。口蹄疫等 16 种优先防治的国内动物疫病达到规划设定的考核标准，羊发病率下降到 3% 以下。基础设施和机构队伍更加健全，法律法规和科技保障体系更加完善，财政投入机制更加稳定，社会化服务水平全面提高。

三、总体策略

统筹安排动物疫病防治、现代畜牧业和公共卫生事业发展，积极探索有中国特色的动物疫病防治模式，着力破解制约动物疫病防治的关键性问题，建立健全长效机制，强化条件保障，实施计划防治、健康促进和风险防范策略，努力实现重点疫病从有效控制到净化消灭。

（一）重大动物疫病和重点人畜共患病计划防治策略

有计划地控制、净化、消灭对畜牧业和公共卫生安全危害大的重点病种，推进重点病种从免疫临床发病向免疫临床无病例过渡，逐步清除动物机体和环境中存在的病原，为实现免疫无疫和非免疫无疫奠定基础。基于疫病流行的动态变化，科学选择防治技术路线。调整强制免疫和强制扑杀病种要按相关法律法规规定执行。

（二）畜禽健康促进策略

健全种用动物健康标准，实施种畜禽场疫病净化计划，对重点疫病设定净化时限。完善养殖场所动物防疫条件审查等监管制度，提高生物安全水平。定期实施动物健康检测，推行无特定病原场（群）和生物安全隔离区评估认证。扶持规模化、标准化、集约化养殖，逐步降低畜禽散养比例，有序减少活畜禽跨区流通。引导养殖者封闭饲养，统一防疫，定期监测，严格消毒，降低动物疫病发生风险。

（三）外来动物疫病风险防范策略

强化国家边境动物防疫安全理念，加强对境外流行、尚未传入的重点动物疫病风险管理，建立国家边境动物防疫安全屏障。健全边境疫情监测制度和突发疫情应急处置机制，加强联防联控，强化技术和物资储备。完善入境动物和动物产品风险评估、检疫准入、境外预检、境外企业注册登记、可追溯管理等制度，全面加强外来动物疫病监视监测能力建设。

四、优先防治病种和区域布局

（一）优先防治病种

根据经济社会发展水平和动物卫生状况，综合评估经济影响、公共卫生影响、疫病传播能力，以及防疫技术、经济和社会可行性等各方面因素，确定优先防治病种并适时调整。

（二）区域布局

国家对动物疫病实行区域化管理。

1. 国家优势畜牧业产业带　对中原、东北、西北、西南等肉羊优势区，加强口蹄疫、布鲁杆菌病等牛羊疫病防治。

2. 人畜共患病重点流行区　加强血吸虫病和包虫病防治。

3. 外来动物疫病传入高风险区　对边境地区、野生动物迁徙区以及海港空港所在地，加强外来动物疫病防范。对西藏边境地区，重点防范小反刍兽疫和H7亚型禽流感。对广西、云南边境地区，重点防范口蹄疫等疫病。

4. 动物疫病防治优势区 在海南岛、辽东半岛、胶东半岛等自然屏障好、畜牧业比较发达、防疫基础条件好的区域或相邻区域，建设无疫区。在大城市周边地区、标准化养殖大县（市）等规模化、标准化、集约化水平程度较高地区，推进生物安全隔离区建设。

第二节 规模化养羊生产现状

一、世界养羊业现状

（一）羊肉需求量增大

世界羊肉产量增长迅速。随着世界经济的发展和人类膳食结构的改变，国际市场对羊肉需求量逐年增加，使得羊肉产量持续增长。

（二）羔羊肉消费加快

世界各国重视肉羊生产，英国、法国、美国、新西兰等养羊大国的养羊业主体已变为肉用羊的生产，历来以产毛为主的澳大利亚、阿根廷等国，其肉羊生产也居重要地位。世界养羊业出现了由毛用转向肉毛兼用甚至肉用的趋势，一些国家将养羊业的重点转移到羊肉生产上，用先进的科学技术建立起自己的羊肉生产体系。

羔羊肉具有瘦肉多、脂肪少、味美、鲜嫩、易消化等特点，世界各国对羔羊肉的消费需求增加很快。同时，由于羔羊生后最初几个月生长快、饲料报酬高，生产羔羊肉的成本较低，一些养羊比较发达的国家都开始进行肥羔生产，并已发展到专业化生产程度。

（三）重视科学、环保养殖

羊肉是世界公认的高档食品，国际贸易中价格较高。肉羊生产中兽药和饲料添加剂使用少、时间短，没有有害物质残留；在草原上自由运动、自然生长的肉羊是真正的纯天然绿色食品，绿色环保型羊肉备受消费者青睐。

（四）肉羊品种良种化

世界肉羊品种良种化，杂交繁育发展迅猛。世界各国重视新的高产优质肉羊培育，所培育的新品种的主要特点是经济早熟，产肉性能好，繁殖力高，全年发情、配种与产羔，遗传性稳定，适应性强等，主要如夏洛莱羊、剑桥羊、波利特羊、阿尔科特羊、南江黄羊等。杂交繁育已成为获取量多、质优和高效生产羊肉的主要手段，多数国家的绵羊肉生产以三元杂交为主，终端品种多用萨福克羊、无角或有角陶赛特羊、汉普夏羊等；山羊肉生产以二元杂交为主，终端品种多用波尔山羊、简那巴利羊、纽宾羊等。

（五）现代标准化肉羊养殖快速发展

就目前农区养羊的总体情况来看，肉羊业尚处于发展初期。农民自养绵、山羊仍占较大比重。长期以来主要是利用淘汰老残羊和去势公羊生产羊肉。其特点是，规模小、饲养管理粗放、经营方式落后、生产水平低，远远不能满足市场的需求。而舍饲羊即将羊群置于圈舍进行人工饲养，是由传统养羊方式向现代化、集约化养羊发展的重要形式。其优点不仅表现在可以充分利用本地的良种繁育、杂种优势、配合饲料、疫病防治等科学技术，还表现在舍饲比放牧可平均减少维持消耗25%（放牧羊只的行进、爬高等），增加收入20%～30%。英国是世界养羊生产水平最高的国家之一，近年来，也积极提倡“零牧制度”，推广舍饲养羊。可见，舍饲养羊是养羊业的发展趋势。

二、中国养羊业现状

肉羊业是畜牧业的重要组成部分。在世界肉羊业速猛发展的今天，中国肉羊业也取得了长足的发展，养殖方式进一步转变，生产水平不断提高，饲养量和产品产量持续快速增长。随着产业结构调整步伐的加快，肉羊业比重不断增加，已成为推动中国农村经济发展的重要产业。2003 年国家发布了《肉牛肉羊优势区域发展规划（2003—2007 年）》，划定了中国 61 个县，4 个肉羊发展优势区域，对推动优势区域肉羊业全面发展起到了积极的引导作用。

（一）羊肉消费持续增加

长期以来，中国肉类产品市场消费结构中，猪肉比重较大，羊肉所占比重仅为5.5%。随着中国城乡居民收入水平的不断提高，消费观念逐步转变，羊肉消费量呈上升趋势。据国家统计局资料，2002年中国人均家庭消费羊肉0.79千克，到2007年上升到1.06千克，年均递增约6%。按这一趋势推算，预计2015年中国家庭人均消费水平将达到1.69千克，按13.7亿人口估测，届时中国羊肉家庭消费需求量将达231.5万吨，再加上无法精确统计的户外消费部分，羊肉需求量更大。

（二）良种肉羊备受青睐

在引进肉羊良种，加强肉羊原种场、繁育场建设的基础上，杂交改良步伐加快，肉羊良种供种能力明显提高，无角陶赛特、德国肉用美利奴、波尔山羊等良种肉羊开始大面积用于生产实际。

（三）农区肉羊养殖步伐加快

牧区广泛推行草原牧区禁牧、休牧、轮牧等草原生态保护建设措施，肉羊饲养由粗放放牧方式逐步向舍饲和半舍饲转变；农区半农区着重推广肉羊科学饲养管理技术，由饲喂单一饲料逐步向饲喂配合饲料转变，反刍配合饲料使用量逐步提高。通过良种良法相配套，改变了肉羊饲养多年出栏的传统习惯，羔羊当年育肥出栏比例由2002年的20%左右提高到35%，出栏肉羊平均胴体重提高到15.5千克，瘦肉率明显提高，羊肉品质明显改善。

三、现代化、规模化养羊模式

从整体来看，发展现代化、规模化养羊，必须从以下几方面着手：

（一）改变传统养羊观念，充分利用现代化、工厂化肉羊养殖模式

目前，农区肉羊养殖的重点依然是数量，以满足市场羊肉的需求，但传统的养殖模式无法形成规模，其经营管理模式也很难适应现代化、工厂化养殖要求。因此，必须以现代化企业的经营理念去经营肉羊产业。

（二）科学合理地规划与设计羊场

羊场的科学规划设计，是生产出优质肉羊的保证，可以合理减少建设投资，通畅生产流程，提高劳动效率，发挥生产潜力，降低生产成本。

1. 羊场场址的选择 要有利于肉羊的生产、管理和防疫，同时保证当地的生态环境不受影响。①周围及附近饲草资源丰富，特别是像花生秧、甘薯秧、大蒜秆、大豆秆等优质农副秸秆资源必须丰富；②交通方便而又不紧邻交通要道；③地势高燥，既有利于防洪排涝又不会发生断层、陷落、滑坡或塌方；④地形比较平坦，土层透水性好；⑤有水、有电或水电问题较易解决；⑥不会造成社会公用水源的污染；⑦要与村落保持150米以上的距离，并尽量处在村落下风向和低于农舍、水井的地方；⑧土地开发利用价值低。

2. 羊场分区要合理 羊场通常分为生活管理区、辅助生产区、生产区和隔离区。生活管理区和辅助生产区应位于场区常年主导风向的上风处和地势较高处，隔离区位于场区常年主导风向的下风处和地势较低处。

3. 羊舍建设科学 羊舍是羊只生活的主要环境之一，羊舍的建设是否利于羊生产需要，在一定程度上成为养羊成败的关键。肉羊舍的规划建设必须结合不同地域和气候环境进行。

一是要结合当地气候环境，南方地区由于天气较热，肉羊舍建设主要以防暑降温为主；北方地区则以保温防寒为主。第二，尽量使建设成本降低，经济实用。第三，创造有利于肉羊的生产环境。第四，圈舍的结构要有利于防疫。第五，保证人员出入、饲喂羊群、清扫栏圈方便。第六，圈内光线充足、空气流通，羊群居住舒适。同时，主要圈舍应选择南北朝向，后备羊舍、产羔舍、羔羊舍要合理布局，而且要留有一定间距。总之，羊舍建设要结合当地气候环境条件，最小化成本投资，最大化利于羊的生产。

4. 羊场及羊舍配套设施设备 羊场基础设施的建设必须能够适应集约化、程序化肉羊生产工艺流程的需要和要求，整体规划经济合理，注重方便、有效和实用，建筑需考虑取材方便、材料和用工的成本等问题，但对必需的设施一定得建；还要便于生产管理，节省财力、物力和人力，尽可能达到高产、优质和高效等目的。尽量为羊只提供一个较适宜的生活环境，使之尽可能避免受到不良气候等因素的影响。

充分利用现代化器械设备，实现工厂化的生产。例如自动饮水嘴、饮水碗的使用，可避免羊的饮水夏季污染发霉、冬季结冰的问题；羊舍地面、羊床结合自动清粪装置既卫生又节省劳动力，且成本也较低，这些现代化的器械设备应在羊场推广应用。

（三）科学饲养，积极发展羊用全混合日粮（TMR）饲养模式

降低成本投入，尤其是饲料成本投入，是实现养种羊盈利的前提。TMR（Total Mixed Ration）为全混合日粮的英文缩写，羊用TMR饲料是指根据羊在不同生长阶段对营养的需要进行科学调配，将多种饲料原料，包括粗饲料、精饲料及饲料添加剂等成分，用特定设备经粉碎、混匀而制成的全价配合饲料。TMR保证了羊所采食的每一口饲料都具有均衡的营养。

1. 羊用TMR的优点 精、粗饲料均匀混合，避免了羊挑食；维持瘤胃pH值稳定，防止了瘤胃酸中毒。与传统的精、粗饲料分开饲喂的方法相比，TMR饲料可增加羊体内益生菌的繁殖和生长，促进营养的充分吸收，提高饲料利用效率。可有效解决营养负平衡时期的营养供给问题。根据羊各个生长阶段所需营养的不同，更精确地设计均衡营养的饲料配方，使日增重大大提高，如体重10～40千克的山羊，日增重可达到200克，与普通自配料相比可以缩短存栏期3个月。充分利用农副产品和一些适口性差的饲料原料，减少饲料浪费，可降低饲料成本。根据饲料品质、价格，灵活调整日粮，可有效利用非粗饲料的中性纤维（NDF）。简化饲喂程序，减少饲养的随意性，可使管理的精准程度大大提高。可提高劳动生产率，降低管理成本。实行分群管理，便于机械饲喂，提高劳动生产率，以降低劳动力成本。实现一定区域内小规模羊场的日粮集中统一配送，从而提高养羊业生产的专业化程度。增强瘤胃功能，有效预防消化道疾病。羊用TMR颗粒饲料既可以保证羊的正常反刍，又大大减少了羊反刍活动所消耗的能量，并有效地把瘤胃pH值控制在6.4～6.8，有利于瘤胃微生物的活性及其蛋白质的合成，从而避免瘤胃酸中毒和其他相关疾病的发生。实践证明，使用数月羊用TMR颗粒饲料，不仅可降低90%

以上的消化道疾病，而且还可以提高羊只的免疫力，减少流行性疾病的发生。

2. 羊用TMR的配制　要实现养羊的规模化，TMR饲喂模式是必然的发展趋势，也是降低养殖成本，提高生产的关键因素。TMR原料尽量就地取材，可以说只有不懂调制饲料的人，几乎没有羊不能采食的农副产品。要充分利用秸秆、豆腐渣、酒糟等。目前，最为基本的TMR原料包括干草类（花生秧、甘薯秧、豆秆、花生壳、米糠、谷糠，以及部分菌棒等）、精饲料（玉米、豆粕、棉粕、麸皮、预混料）、糟渣类（豆腐渣、酒糟、啤酒渣、果渣、药厂的糖渣等）三大类。

干草类尽量结合当地资源选择。根据羊的营养需求，羊的预混料基本分为羔羊预混料、肥育羊预混料和种羊预混料三种。羊专用预混料主要包括钴、钼、铜、碘、铁、锰、硒、锌等各种微量元素，食盐，磷酸氢钙和维生素A、维生素D_3、维生素E等各种维生素。预混料是舍饲养羊所必需的。任何一种物质的缺乏均会导致繁殖下降，甚至繁殖障碍。糟渣类作为饲料原料喂羊，不仅降低成本，也能充分利用资源优势，但必须科学保存，合理添加。例如豆腐渣的蛋白含量很高，但能量不足，在使用豆腐渣时，可降低精饲料中豆粕、棉粕的含量，适当增加青贮饲料含量；酒糟、啤酒渣、果渣、药厂的糖渣等正好相反，能量较高，但蛋白含量相对低，可在精饲料中适当提高豆粕、棉粕的含量。

3. 羊用TMR使用注意事项　羊的精饲料和粗饲料的比例控制在(1∶4)～(1∶2.3)，肥育羊精饲料比例可适当提高。繁殖母羊精饲料和粗饲料比例尽量在1∶3以内。豆腐渣类不能完全按精饲料或粗饲料来计算，添加豆腐渣类可替代部分玉米和饼粕类饲料。但豆腐渣类过多会引起繁殖母羊代谢病增加。绵羊全价日粮水分尽量控制在50%±5%，即全价日粮的干物质含量在50%±5%。山羊全价日粮水分尽量控制在42%±3%，即全价日粮的干物质含量在58%±3%。

（四）提高母羊繁殖率和羔羊成活率

提高繁殖率，增加年产羔数和羔羊成活率，是实现养种羊盈利的基础。

1. 首先要结合当地的资源、环境条件等，选择适宜的品种 盈利是养殖的目的，羊的品种是盈利的前提。要保证肉羊养殖盈利，在品种选择上应尽量满足早期生长速度快、繁殖率高、适应性强、肉质好这四个指标。当然，每个品种都有一定的优势，但都有所不足。小尾寒羊作为世界上繁殖率最高的品种，在河南省大部分地区均有饲养，对河南省的资源、环境条件等均有其他品种无法相比的适应性，可以说是基础母羊的首选。

2. 结合养殖规模，做好繁殖规划 养殖规模在繁殖母羊50只以内的，可不养公羊，采用同期发情处理后借用规模较大的种羊场的优良公羊进行人工授精。例如，50只繁殖母羊的养殖者，如果自己饲养公羊，年饲养成本在1 000元/只左右，优良的公羊成本在1万元以上，且使用年限在3～5年，就算饲养1只公羊，年均成本也达到了3 000元以上。如借用公羊，母羊同期发情成本50只母羊和公羊采精费用合计不超过2 000元，且不存在饲养公羊的风险。养殖规模在繁殖母羊50～200只的，可饲养1～2只公羊，同期发情处理，采精人工授精。养殖规模在繁殖母羊200只以上的，可分批同期发情，建自动多只母羊输精保定架，统一人工授精。

3. 充分利用现代繁殖技术 尤其是早期妊娠诊断技术、同期发情技术和人工授精技术。

（1）早期妊娠诊断技术：配种后的母羊应尽早进行妊娠诊断，能及时发现空怀母羊，以便采取补配措施。对已受孕的母羊加强饲养管理，避免流产，这样可以提高羊群的受胎率和繁殖率。人工授精后15～25天用试情公羊检查，40天以后用B超进行妊娠诊断。

超声波探测仪是一种先进的诊断仪器，有条件的地方利用它来做早期妊娠诊断便捷可靠。检查方法是将待查母羊保定后，在腹下乳房前毛稀少的地方涂上凡士林或石蜡油等耦合剂，将超声波探测仪的探头对着骨盆入口方向探查。用超声波诊断羊早期妊娠的时间最好是配种40天以后，这时胎儿的鼻和眼已经分化，易于诊断。

（2）同期发情和人工授精技术：同期发情又称同步发情，就是利用某些激素人为地控制和调整母羊的发情周期，使之在预定时间内集中发情。同期发情和人工授精技术的结合，不仅提高了种公羊的利用率，也提高了母羊的繁殖率。同期发情、同期配种、同期产羔也便于生产的组织和管理。因此，同期发情技术是现代化、工厂化养羊不可缺少的技术手段之一。

4. 羔羊代乳　在工厂化养羊场，产羔 2 只以上时，容易造成羔羊的死亡。经过同期发情和人工授精后，母羊实现了相对集中产羔，因母羊的母性较强，集中产羔后将 3 只或以上的羔羊，让产单羔的母羊代哺乳，可提高羔羊的成活率。

四、羊的生物学特性

羊是纯食草动物，羊肉肉质细嫩，容易消化，高蛋白、低脂肪、含磷脂多，胆固醇含量少，是绿色畜产品的首选。绵羊和山羊有很多相似的生物学特性，又有较大差别，总的说来，相同点多于相异点。

（一）行为特点

绵羊性情温驯，行动较迟缓，缺乏自卫能力，合群性较强，警觉机灵，觅食力强，适应性广，全身覆盖毛绒，属沉静型小型反刍动物。山羊则性格勇敢活泼，动作灵活，合群性不及绵羊，善于攀登陡峭的山岩，有一定抵御兽害的能力。山羊比绵羊分布广，适应性更强，其被毛较稀短，多为发毛，较绵羊耐热、耐湿而不耐寒，属活泼型小型反刍动物。

（二）生活习性

1. 采食力强，利用饲料广泛　绵羊和山羊具有薄而灵活的嘴唇和锋利的牙齿，能啃食短草，采食能力强。嘴较窄，喜食细叶小草，如羊茅和灌木嫩枝等。四肢强健有力，蹄质坚硬，能边走边采食。能利用的饲草饲料广泛，包括多种牧草、灌木、农副产品以及禾谷类籽实等。

2. 合群性强　羊的合群性强于其他家畜，绵羊又强于山羊，地方品种强于培育品种，毛用品种强于肉用品种。驱赶时，只要有“头羊”带头，其他羊只就会紧紧跟随，如进出羊圈、放牧、起卧、过河、过桥或通过狭窄处等。羊的合群性有利于放牧管理，但羊群之间距离太近时，往往容易混群。

3. 喜干燥、怕湿热 羊喜干燥，最怕潮湿的环境。放牧地和栖息场所都以高燥为宜。潮湿环境易感染各种疾病，特别是肺炎、寄生虫病和腐蹄病，也会使羊毛品质降低。山羊比绵羊更喜干燥，对高温、高湿环境适应性明显高于绵羊。绵羊因品种不同对潮湿环境的适应性也不同，细毛羊喜欢温暖、干旱、半干旱的气候条件，肉用羊和肉毛兼用羊则喜欢湿润、温暖的气候。

4. 爱清洁 羊遇到有异味、污染、沾有粪便或腐败的饲料和饮水，甚至连自己踩踏过的饲草，宁可忍饥挨饿也不食用。因此，舍饲的羊要有草架，料槽、水槽要清洁，饮水要勤换，放牧草场要定期更换，实行轮牧。

5. 性情温驯，胆小易惊 羊性情温驯，胆小，自卫能力差。突然的惊吓，容易“炸群”。所以，要加强放牧管理，保持羊群安静。

6. 母性强 羊的嗅觉灵敏，母羊主要凭嗅觉鉴别自己的羔羊，而视觉和听觉起辅助作用。羔羊出生后与母羊接触几分钟，母羊就能通过嗅觉鉴别出自己的羔羊。在大群的情况下，母子也能准确相识。利用这一点可解决孤羔代乳的问题。

7. 抗病力强 羊对疫病的耐受力比较强，在发病初期或遇小病时，往往不像其他家畜表现那么敏感。

8. 善游走 羊善游走，有很好的放牧性能。但由于品种、年龄及放牧地的不同，也有差别。地方品种比培育品种游走距离大，肉用羊、奶用羊比其他羊游走距离小，年龄小的和年龄大的比成年羊游走距离小，在山区游走比平地上的距离小。在游牧地区，从春季草场至夏季草场距离200多千米，都能顺利进行转移。

（三）适应性

羊喜干厌湿，宜在干燥通风的地方采食和卧息，湿热、湿冷的棚圈和低湿草场对羊不利。北方多在舍内勤换垫土，以保持圈舍干燥。羊蹄虽已角质化，但遇潮湿易变软，行走硬地，易磨露蹄底，影响放牧。绵羊蹄叉之间有一趾腺，易被淤泥堵塞而引起发炎，导致跛行。

不同品种的绵羊对潮湿气候的适应性也不一样，细毛羊喜欢温暖干燥、半干燥的气候条件，而肉用羊和肉毛兼用羊喜温暖湿润、全年温差不大的气候。绵羊全身披覆羊毛较长且密，能更好地保温抗寒，但在炎夏时，羊体内的热能不易散发，出现呼吸紧迫，心率加快，并相互低头于他羊的腹下簇拥在一起，呼呼气喘，俗称“扎窝子”，尤其细毛羊最为严重，这样就须每隔半小时哄动驱散一次，以免发生热射病。由于绵羊不怕冷，气候适当季节，羊只喜露宿舍外。群众把这种羊在露天过夜的方式叫“晾羊”。一般山羊比绵羊耐热而较怕冷，原因是山羊体较轻小，毛粗短、皮下脂肪少，散热性好，所以，当绵羊扎窝子时，山羊行动如常。

（四）耐饿耐渴

肉羊抗灾度荒能力很强，在绝食绝水的情况下，可存活30天以上。

（五）繁殖力高

肉用品种羊多四季发情，常年配种多胎多产，高繁殖力是它兼有的优良特性之一。中国大尾寒羊、小尾寒羊、湖羊以及山羊中的济宁青山羊、成都麻羊、陕南白山羊等母羊都是常年发情，一胎多产，最高达一胎产7～8只羔羊。小尾寒羊常是父配女、母配子，虽高度近交，却很少发生严重的近亲弊病。

第三节 规模羊场疾病流行特点

一、疫病种类多、危害重

据世界动物卫生组织有关资料：羊的主要疫病有54种，其中传染病35种，寄生虫病19种。在35种传染病中，病毒性传染病11种，细菌性传染病18种，其他微生物类传染病6种。

根据国内有关羊病的资料：羊的54种主要疫病中，在中国都曾经发生过，其中至少有9种属人兽共患病。

二、疫情发生风险高

中国对口蹄疫等重大动物疫病实施强制免疫接种。通过对全国14个规模化羊场调查可知：目前中国规模化羊场口蹄疫免疫密度100%，免疫合格率基本达到国家规定的标准，但其感染抗体阳性率平均达9%以上（不排除重复免疫的影响），远高于全国牛、猪平均1.65%的阳性比例，提示规模化羊场发生口蹄疫疫情的风险较高。

羊痘每年在全国范围内散发，虽然发病动物数量逐年下降，但发病次数和疫点数量呈上升趋势。

三、人兽共患病防控形势严峻

我国自新中国成立以来，非常重视人兽共患病的防控，取得了良好的效果。但近年来由于单纯追求经济效益，对重大动物疫病重视而忽视了对人兽共患病的防控和净化，人兽共患病发病率有所上升。据统计，2010年度各种人兽共患病发病数量比2009年度上升了54.51%。

2011年上半年全国动物（牛、羊、猪）布氏杆菌病阳性率明显上升至1.69%，其中全国羊阳性率高达2.23%，说明中国布氏杆菌病感染率呈快速上升趋势，警醒规模化羊场应进一步做好防控。弓形虫病阳性率平均为18.75%，其中阳性率最高规模化羊场为88.89%，最低为5.96%，防控形势严峻。衣原体病阳性率平均为5.64%，其中阳性率最高羊场达21.94%，应引起高度重视。

四、病原传入和变异加剧

国外疫病流行严重，防控不力即可传入中国。口蹄疫A型和O型Mya98进入国内并造成大流行。病原在环境与机体免疫压力下，不断发生变异，出现新的变异株或血清型，导致疫病流行，甚至造成灾难性的后果。口蹄疫病毒血清型的转变和抗原基因变异，使该病防控难度增加；羊痘和羊口疮病毒基因变异，使其抗原发生漂移，毒力增加，导致免疫防控效果变差。

五、细菌病危害加剧

集约化养殖规模的不断扩大，细菌性疾病明显增多。当前对中国养羊业危害最为严重的细菌性传染病有羊支原体肺炎（传染性胸膜肺炎）、链球菌病、梭菌病、羔羊痢疾和羊肠毒血症，其中最引人关注的是羊支原体肺炎，在饲养密集的规模化羊场发病率很高，死亡严重。

临床滥用抗生素情况严重，导致耐药菌株普遍存在，使临床治疗效果不显著，损失巨大。滥用抗生素还造成畜产品药物残留超标，产品质量下降，影响消费者健康。

六、多种病原混合感染增多、疫情复杂

临床对发病动物的检测中常发现多种病原混合感染的情况，多种致病性病毒、细菌、寄生虫的混合感染已成常态，给诊断、预防和控制增加了难度，造成巨大的经济损失。

七、疫病流行的周期和空间发生变化

口蹄疫的最早流行周期是5～10年1次，后来发展到3～5年1次，再到每年流行1次，目前是常年散发，发病周期和间隔时间愈来愈短。规模化和集约化养殖使饲养密度变大，增加了疫病发生和流行的风险。频繁的贸易流通加大了疫病传播速度与流行强度。旅游业的发展以及宠物的饲养量增加，加速了羊疫病特别是人兽共患病的传播。

八、外来疫病威胁日益严重

随着经济全球化进程的加快和进出口贸易日益频繁，外来病如小反刍兽疫、痒病、梅迪－维斯纳病、山羊关节炎－脑炎、C型和南非Ⅱ型口蹄疫对中国养羊业的威胁日益加重，传入国内的风险日益加大。西藏阿里地区2007年、2008年和2010年出现3次小反刍兽疫疫情，提示我们对外来病的防控工作必须给予足够的重视。

第四节　导致规模羊场疾病发生的主要原因

随着中国养羊业由传统的放牧模式向高度集约化、现代化的模式转变，饲料饲养方式、羊只流动性增大、羊只饲养密度大和接触率增高成为羊场疾病发生的主要原因。

一、饲料营养搭配不合理

受传统放牧模式的影响，多数人对舍饲养羊的生产模式、技术掌握不足，饲料营养搭配存在着各种不合理现象。

饲料单一，在饲喂过程中存在着有什么就给羊饲喂什么，造成了营养不足，继发各种消化道和代谢病的发生。

不添加预混料或添加不合理的预混料，如牛羊专用预混料，甚至是猪的预混料，造成微量元素不足或过量中毒等现象。

二、饲养密度大、羊只接触率高

随着养羊业集约化、现代化程度的提高，牧区已开始实行放牧加补饲的方法养殖羔羊，半牧区也已采取放牧与舍饲相结合的方式养羊，农区早就采用了以舍饲为主的养羊模式，养羊业呈现出饲养规模不断扩大、养殖密度逐渐增加的发展趋势，以致羊只接触率升高，进而易导致传染病的发生。

三、羊只流动性加大、不规范引种

养羊户为了追求高效益，都希望选购繁殖性能优、生长速度快且生产性能高的良种羊，从而造成多途径选购种羊；加之部分养羊户隔离、检疫等意识淡薄，使不同区域、不同繁育体系间疾病的传播越来越多。

四、羊场规划设计不合理、羊舍卫生环境条件差

羊场的科学规划设计，是保证生产的前提条件。科学合理的羊场

规划设计可以使建设投资减少、生产流程通畅、劳动效率提高、生产潜力得以发挥、生产成本降低。反之，不合理的规划设计将导致生产指标无法实现，羊场亏损甚至破产。也会增加防疫难度，导致疾病的发生。

五、消毒防疫不到位

规模化羊场没有根据当地疫情制定科学合理的免疫程序，口蹄疫和三联四防疫苗的使用均采用国家推荐的程序，而其他很多疫苗免疫基本上没有经专家认可的规范化免疫程序，全凭经验或感觉进行免疫，使疫病免疫防控效果大打折扣。

六、专业技术人员缺乏

很多规模化羊场的兽医技术人员业务素质低，无法满足疫病防控需求，也有很多羊场没有专职的兽医人员，免疫、驱虫、疫病监测和检查由饲养员代替，难免会出现误诊、漏诊以及错误的操作等。

第五节 规模羊场疾病防控基本原则与措施

依照“预防为主、防重于治”的原则，科学制定合理的免疫程序，并严格按照免疫程序做好免疫接种工作。通过疫苗接种，使机体产生免疫力，保证羊群不受病原微生物侵袭。同时，防止外来疾病的传入，提高羊群整体健康水平。另外，坚持自繁自养，尽量选购当地良种公羊和母羊进行繁殖，减少流通环节，降低疾病传播的概率。

一、健康饲养

选养健康的良种公羊和母羊，自行繁殖，可以提高羊的品质和生产性能，增强对疾病的抵抗力，并可减少入场检疫的工作量，防止因引入新羊带入病原体。

肉羊舍饲后饲养密度提高，运动量减少，人工饲养管理程度提高，一些疾病会相对增多，如消化道疾病、呼吸道疾病、泌尿系统疾病、中毒病（如霉菌毒素中毒）、眼结膜炎、口疮、关节炎、乳房炎等。因此，科学管理，精心喂养，增强羊只抗病能力是预防羊病发生的重要措施。饲料种类力求多样化并合理搭配与调制，使其营养丰富全面。同时要重视饲料和饮水卫生，不喂发霉变质、冰冻及被农药污染的草料，不饮污水，保持羊舍清洁、干燥，注意防寒保暖及防暑降温工作。

二、检疫制度

羊从生产到出售，要经过出入场检疫、收购检疫、运输检疫和屠宰检疫。羊场或养羊专业户引进羊时，只能从非疫区购入，经当地兽医检疫部门检疫，并签发检疫合格证明书；运抵目的地后，再经本场或专业户所在地兽医验证、检疫并隔离观察 1 个月以上，确认为健康者，经驱虫、消毒，没有注射过疫苗的还要补注疫苗，方可混群饲养。羊场采用的饲料和用具，也要从安全地区购入，以防疫病传入。

三、免疫接种

免疫接种是激发羊体产生特异性抵抗力，使其对某种传染病从易感转化为不易感的一种手段。有组织有计划地进行免疫接种，是预防和控制羊传染病的重要措施。

首先应注意疫苗是否针对本地的疫病类型，要注意同类疫苗间型的差异，疫苗稀释后一定要摇匀，并注意剂量的准确性，使用前要注意疫苗是否在有效期内，在运输和保存疫苗过程中要低温，按照说明书采用正确方法免疫，如喷雾、口服、肌内注射等，必须按照要求进行，并且不能遗漏，在使用弱毒活菌苗时，不能同时使用抗生素。只有完全按照要求操作，才能使疫苗接种安全有效。

四、卫生消毒

羊舍、羊圈及用具应保持清洁、干燥，每天清除粪便及污物，堆积制成肥料。饲草保持清洁干燥，不发霉腐烂，饮水要清洁。清除羊舍周围的杂物、垃圾，填平死水坑，消灭鼠、蚊、蝇。

羊舍清扫后消毒，常用消毒药有10%～20%的石灰乳和10%的漂白粉溶液。产房在产羔前消毒1次，产羔高峰时进行多次消毒，产羔结束后再进行1次。在病羊舍、隔离舍的出入口处应放置浸有消毒液的麻袋片或草垫；消毒液可用2%～4%氢氧化钠（对病毒性疾病）或10%克辽林溶液。

地面消毒可用含2.5%有效氯的漂白粉溶液、4%福尔马林或10%氢氧化钠溶液。粪便消毒最实用的方法是生物热消毒法。污水消毒将污水引入污水处理池，加入化学药品消毒。

五、药物预防

药物预防是以安全而价廉的药物加入饲料和饮水中进行的群体药物预防。常用的药物有磺胺类药物、抗生素和硝基呋喃类药。

六、定期驱虫

对羊的驱虫往往是成群进行；在查明寄生虫种类的基础上，根据羊的发育状况、体质、季节特点用药。羊群驱虫应先搞小群试验，用新驱虫剂或新驱虫法时更应如此，然后再大群推行。

七、预防中毒

野草是羊的良好天然饲料，但有些野草有毒，为了避免中毒，要调查有毒草的分布。要把饲料贮存在干燥、通风的地方，饲喂前仔细检查，如果饲料发霉变质应不能饲喂。有些饲料本身含有有毒物质，饲喂时必须加以调制。有些饲料如马铃薯若贮藏不当，其中的有毒物质会大量增加，对羊有害。

农药和化肥要放在仓库内，专人保管，以免发生中毒。被污染的用具或容器应消毒处理后再用。其他有毒药品如灭鼠药等的运输、保管及使用也必须严格，以免羊接触发生中毒事故。喷洒过农药和施有化肥的农田排水，不应作为饮用水；工厂附近排出的水或池塘的死水，也不宜让羊饮用。

八、疫病防治

对于传染病如羊痘、口蹄疫、羊肠毒血、羊快疫、羊炭疽、羔羊痢、破伤风、痒螨、疥螨等要注意其免疫程序及驱虫时间。对于普通病如肠炎、腹泻、乳房炎、肺炎、口腔炎、腐蹄病等，在诊断确诊的基础上，对症治疗。选用其敏感性药物，以提高治疗效果，并经常更换，以免发生抗药性。对特殊病例治疗病症消除后，应维持用药2～3天，以巩固药效。

及时正确的诊断对于早期发现病畜，及早控制传染源，采取有效防疫措施，防止传染病的扩大传播有重要意义。治疗应在严格隔离条件下进行，同时应在加强管理、增强机体自身防御能力基础上采用对症和病因疗法相结合进行。

九、加强对有关法规的学习

GB/T 16569《畜禽产品消毒规范》规定了畜禽产品一般的消毒技术。GB/T 16548《畜禽病害肉尸及其产品无害化处理规程》规定了畜禽病害肉尸及其产品的销毁、化制、高温处理和化学处理的技术规范。在肉羊养殖的过程中要加强对这些法规的学习、掌握和应用，保证养羊场健康发展。

十、发生疫病羊场的防疫措施

1. 及时发现，快速诊断，立即上报疫情　确诊病羊，迅速隔离。如发现一类和二类传染病（如口蹄疫、痒病、蓝舌病、羊痘、炭疽等）暴发或流行，应立即采取封锁等综合防疫措施。

2. 对易感羊群进行紧急免疫接种　及时注射相关疫苗和抗血清，并加强药物治疗、饲养管理及消毒管理。提高易感羊群抗病能力。对已发病的羊只，在严格隔离的条件下，及时采取合理的治疗，争取早日康复，减少经济损失。

3. 对相关物品和用具进行消毒或焚烧处置　对污染的圈、舍、运动场及病羊接触的物品和用具都要进行彻底的消毒或焚烧处理。对因传染病病死的羊和淘汰羊严格按照传染病羊尸体的卫生消毒方法，进行焚烧后深埋。

第二章　羊的品种与疫病防控

羊的品种对生产有着重要的作用，也是养羊实现盈利的先决条件，因此，如何选择适合当地环境要求的配种，如何进行品种的选育，对养羊有着最为直接的影响。同时，不同的品种对气候环境等条件有着不同的适应性，选择最为适合的品种，不仅能提高生产性能，还能减少疫病的发生。

第一节　羊的品种特点

一、小尾寒羊

（一）小尾寒羊的特点

小尾寒羊体格大，早熟，生长速度快，繁殖率高，多胎高产，四季发情配种，适应性强，是肉羊生产中的优良品种（图 2.1、图 2.2）。

小尾寒羊肉用性能优良，早期生长发育快，成熟早，易肥育，适于早期屠宰，因此小尾寒羊的主要用途是纯种繁育进行肉羊生产或作为羔羊肉生产杂交的优良母本素材。

小尾寒羊的双羔或多羔特性具有遗传性，在选留种公母羊时，其上代公母羊最好是从一胎双羔以上的后备羊群中选出。这些具有良好遗传基础的公母羊留作种用，能在饲养中充分发挥其遗传潜能，提高母羊一胎多羔的概率。小尾寒羊产单羔较少，一般只见于初产羊，而产双羔的比例较高。母羊一生中以 3 ~ 4 岁时繁殖率最强，繁殖年限一般为8年。合理调整羊群结构，有计划地补充青年母羊，适当增加3~4岁母羊在羊群中的比例，及时发现并淘汰老、弱或繁殖力低下的母羊，以提高羊群的整体繁殖率。

图2.1 小尾寒羊母羊

图2.2 小尾寒羊公羊

（二）小尾寒羊的缺点

小尾寒羊虽体型大，繁殖率高，但其前胸不发达，后躯不丰满，体躯肌肉不发达，产肉性能与真正的肉用羊品种有差距，虽经育肥仍显瘦。产毛量低，异质毛多，不符合毛纺原料的要求。

小尾寒羊对饲养条件有较高的要求，适宜舍饲、半舍饲，不宜过量运动。小尾寒羊适宜干燥凉爽环境，高温多湿环境下，羊只易扎堆生病；蚊蝇多的环境，造成羊群休息不好，且躁动不安，致使机体抵抗力下降，引起疾病。

（三）饲养小尾寒羊的注意事项

养羊户不了解小尾寒羊在原产区的生态条件、饲养管理条件及小尾寒羊生活习性，引种后生活习性强制改变，饲养条件过低，管理粗放等，会造成养殖效益不高。

1. 饲养小尾寒羊经济效益不高的常见原因

（1）过度放牧，体质消耗过大，营养不足。特别是在青草初上季节草资源不好的草场和牧场放牧，长时间营养缺乏，导致羊先疲后弱最后死亡。

（2）补饲精料过少。小尾寒羊生长速度特别快，必须供给充足的饲草，并补饲一定的精料，只有秸秆和草是不能满足其生长需要的，对幼龄羊、妊娠母羊、配种公羊、病弱羊更要多补精料，以免因营养不足达不到正常的生长体重和繁殖率。

（3）小尾寒羊引种时质量偏低、价格过高，不法商贩炒种导致其价值与价格严重背离现实，且混进有湖羊或一、二代羊，而饲养户想通过繁殖卖种羊，却因后代达不到品种的指标而致价格下滑。

2. 改进小尾寒羊的饲养方式，提高经济效益

（1）引进优秀的高质量的纯种肉用绵羊作为父本，杂交改良现有的小尾寒羊，使其后代集两者的优点于一身，培育新品种。如引进肉用绵羊无角陶赛特和杜泊羊杂交改良小尾寒羊，提高羊肉质量。杜绝过度放牧现象，尽量舍饲或半舍饲，减少运动量。

（2）增补精料。杜绝放牧和饲喂露水草、冰霜草、霉变饲草饲料。饲草要营养丰富，忌喂单一饲草饲料。保持圈舍、饲槽和羊体卫生，经常打扫、洗刷羊体，严防病从口入，提高机体抵抗力。春夏秋初要保持圈舍干燥，严防蚊、蝇。坚持对羊群定期防疫驱虫，及时补防，提高免疫质量，保证羊群强壮。

（3）保证幼羔吃上初乳并吃饱，及时补饲断奶羔羊。对产羔过多的母羊除加强补饲外，要驯化代乳母羊及初产羊，使幼羔能吃饱，提高繁殖率和成活率。

（4）外购种羊时，要充分了解市场动态、种羊标准及当地疫病流行情况，档案齐全，价格合理。建立小尾寒羊良种羊繁殖基地，健全配种谱系档案，为建立良种纯繁新品种、培育商品羊生产基地打好基础。

（5）调配更新种公羊，杜绝近亲交配。及时将公、母、幼羊分群，公羊单独管理，以防品种退化。

二、湖羊

（一）湖羊的特点

湖羊产区在浙江、江苏间的太湖流域，由蒙古羊选育而成（图2.3）。湖羊体格小，公、母羊均无角，头狭长，鼻梁隆起，多数耳大下垂，颈细长，体躯狭长，背腰平直，腹微下垂，尾扁圆，尾尖上翘，四肢偏细而高。被毛全白，腹毛粗、稀而短，体质结实。

图 2.3 湖羊

湖羊性成熟早，四季发情、排卵，终年配种产羔。在正常饲养条件下，可年产两胎或两年三胎，每胎一般两羔，经产母羊平均产羔率220%以上。

（二）湖羊的缺点

湖羊体躯呈扁长形，前胸欠发达，后躯稍高，生长发育慢，成羊体格很小，成年公羊只有 40～50 千克，成年母羊只有 35～45 千克。利用湖羊与专用肉羊杂交改良效果较小尾寒羊差。

三、蒙古羊

蒙古羊（图 2.4）在育成中国新疆细毛羊、东北细毛羊、内蒙古细毛羊、敖汉细毛羊及中国卡拉库尔羊的过程中，起过重要作用。内蒙古自治区西部及毗邻县的蒙古羊的毛被中干死毛较少，素称河西细春毛，为优良地毯毛。由于蒙古羊具有生活力强，适于游牧，耐寒、耐旱等特点，并且具有较好的产肉、脂性能，因此在产区及周边省份、自治区饲养量很大，为牧区主要饲养羊种。

图 2.4　蒙古羊

四、西藏羊

西藏羊（图 2.5）为中国三大粗毛绵羊品种之一，以高原型羊较优，为著名地毯毛羊，对高原牧区气候有较强的适应性。西藏羊遗传性强，耐寒怕热，喜干畏湿，合群性好，采食能力强，边走边食，但对牧草选择严格。西藏羊裘皮皮板坚固，毛长绒厚，保暖性强。羔皮皮板轻薄，毛卷曲，光泽好，尤其是“二毛皮”为羔皮上品。

图 2.5　西藏羊

五、哈萨克羊

哈萨克羊（图 2.6）为地方良种，以肉脂生产性能高而著称，羊肉产量在新疆羊肉总产中占有重要位置，今后应加强本品种选育，重点选择体重大、繁殖率高、小脂臀瘦肉率高的个体做种用，提高哈萨克羊的生产性能。

哈萨克羊耐寒，耐粗饲，抗病力强，能够经受长途转场放牧，对产区有非常强的适应性，在利用当地夏季牧草资源的前提下，逐步提高寒冷季节的饲养条件，充分利用品种特点向集约化方向发展。

图2.6　哈萨克羊

六、滩羊

滩羊（图2.7）属名贵裘皮用绵羊品种，适合于干旱、荒漠化草原放牧饲养。因此，滩羊是独一无二的地方优良绵羊品种。20世纪50年代以来，本品种曾被全国十几个省（自治区）引进，都因生态条件不适宜而未能保持原有的品种特性。滩羊具有典型生态地理分布特性，生活在狭窄的生态区域，尤其是滩羊裘皮性状具有很明显的窄生态适应性。其适宜气候为中温带大陆气候干草原和荒漠草原区，具有冬长夏短、春迟秋早、干旱少雨、风大沙多、寒暑并烈、日照充足、蒸发强烈等特点。

七、杜泊羊

（一）杜泊羊的特点

杜泊肉用绵羊原产于南非，是由有角陶赛特羊和波斯黑头羊杂交育成，主要用于羊肉生产。

杜泊羊（图2.8～图2.11）以产肥羔肉见长，胴体肉质细嫩、色

图2.7 滩羊

鲜、瘦肉率高，被国际誉为“钻石级肉”。4月龄屠宰率51%，净肉率45%左右，肉骨比9.1:1，料重比1.8:1。杜泊羔羊增重迅速，断奶体重高，这一点有肉用绵羊生产的重要经济特性。3月龄的杜泊肥羔体重可达36千克，屠宰胴体约为18千克，品质优良。羔羊不仅生长快，而且具有早期采食的能力。一般条件下，平均日增重300克。胴体品质好，发育良好的肥羔，其胴体品质无论是形状或脂肪分布均能达到优秀的标准。

杜泊羊具有良好的抗逆性。在较差的放牧条件下，许多品种羊不能生存时，它却能存活。即使在相当恶劣的条件下，母羊也能产出并带好一头质量较好的羊羔。由于最初培育杜泊羊的目的在于使其能适应较差的环境，加之这种羊具备内在的强健性和非选择的食草性，使得该品种在肉绵羊中有较高的地位。

图2.8 白头杜泊羊公羊

图2.9 白头杜泊羊母羊

图 2.10　黑头杜泊羊母羊

图 2.11　黑头杜泊羊公羊

（二）杜泊羊的缺点

杜泊羊公羊 5～6 月龄性成熟，母羊 5 月龄性成熟；公羊 12～14 月龄体成熟，母羊 8～10 月龄体成熟。杜泊羊常年发情，不受季节限制。在良好的生产管理条件下，杜泊母羊可在一年四季的任何时期产羔，母羊的产羔间隔期为 8 个月。在饲料条件和管理条件较好的情况下，母羊可达到 2 年 3 胎，一般产羔率能达到 150%，在一般放养条件下，产羔率为 100%。由大量初产母羊组成的羊群中，产羔率在 120% 左右。该品种具有很好的保姆性与泌乳力，这是羔羊成活率高的重要因素。

因此，与地方品种比较，杜泊羊的繁殖率远低于小尾寒羊、湖羊等。

八、东弗里生羊

（一）东弗里生羊的特点

东弗里生羊（图 2.12）原产于德国东北部，有的国家利用东弗里生羊培育合成母系和新的乳用品种。中国也引入了该品种。东弗里生羊体格大，体型结构良好。公、母羊均无角，被毛白色，偶有纯黑色个体出现。体躯宽长，腰部结实，肋骨拱圆，臀部略有倾斜，尾瘦长无毛。乳房结构优良、宽广，乳头良好。

活重成年公羊 90～120 千克，成年母羊 70～90 千克。母羔在 4 月龄达初情期，发情季节持续时间约为 5 个月，平均正常发情 8.8

图2.12 东弗里生羊

次。欧洲北部的东弗里生羊与芬兰兰德瑞斯羊和俄罗斯罗曼诺夫羊都属于高繁殖率品种，东弗里生羊的产羔率为200%～230%。成年母羊260～300天产奶量500～810千克，乳脂率6%～6.5%。波兰的东弗里生羊日产奶3.75千克，最高纪录达到一个泌乳期产奶1 498千克。

（二）东弗里生羊的缺点

东弗里生羊在中国黄河流域以北饲养较多，但该品种怕热，对热的耐受性较差。因此，东弗里生羊可以用于杂交改良地方品种，提高泌乳能力。

九、萨福克羊

（一）萨福克羊的特点

萨福克羊（图2.13、图2.14）具有适应性强、生长速度快、产肉多等特点，适于作为羊肉生产的终端父本。萨福克成年公羊体重可达114～136千克、母羊60～90千克。萨福克羊早期生长速度快，羔羊平均日增重400～600克，萨福克公母羊4月龄平均体重47.7千克，屠宰率50.7%，7月龄平均体重70.4千克，胴体重38.7千克，胴体瘦肉率高，屠宰率54.9%。用萨福克羊做终端父本与长毛种半细毛羊杂交，4～5 月龄杂交羔羊体重可达 35～40 千克，胴体重 18～20 千克。

萨福克羊产剪毛量 2.5～3.0 千克，毛细度 56～58 支，毛纤维长度 7.5～10 厘米，净毛率 60%。

图 2.13　白头萨福克公羊

图 2.14　黑头萨福克公羊

中国新疆和内蒙古等自治区从澳大利亚引入该品种羊，除进行纯种繁育外，还同当地粗毛羊及细毛杂种羊杂交来生产肉羔。萨福克与国内细毛杂种羊、哈萨克羊、阿勒泰羊、蒙古羊等杂交，在相同的饲养管理条件下，杂种羔羊具有明显的肉用体型。杂种一代羔羊 4～6 月龄平均体重高于国内品种 3～8 千克，胴体重高 1～5 千克，净肉重高 1～5 千克。利用这种方式进行专门化的羊肉生产，羔羊当年即可出栏屠宰，使羊肉生产水平和效率显著提高。

（二）萨福克羊的缺点

萨福克羊的头和四肢为黑色，被毛中有黑色纤维，杂交后代多为杂色被毛，所以在细毛羊产区要慎重使用。

萨福克羊多为季节性发情，即每年的秋季，其他时间母羊的发情较少，公羊的精液品质也较差。该品种怕热，对热的耐受性较差。

十、特克赛尔羊

（一）特克赛尔羊的特点

特克赛尔羊（图 2.15）为短毛型肉用细毛羊品种，主要分布于荷兰，是在19世纪中叶由林肯羊、边区来斯特羊的公羊，改良当地沿海低湿地区的一种晚熟但毛质好的土种母羊选育而成。

特克赛尔羊体躯呈长圆筒状，额宽，耳长大，无角，颈短粗，肩宽平，胸宽深，背腰长而平，后躯发育好，肌肉充实。被毛白色，头部无前额毛，四肢无被毛，四蹄为黑色。

图2.15 特克赛尔公羊

特克赛尔羊体型较大，成年公羊体重可达85～140千克，母羊60～90千克。公羔平均初生重为5.0千克，2月龄平均体重为26千克，平均日增重为350克；4月龄平均体重为45千克，2～4月龄平均日增重为317克；6月龄平均体重为59千克。母羔平均初生重为4.0千克，2月龄平均体重为22千克，平均日增重为300克；4月龄平均体重为38千克，2～4月龄平均日增重为267克；6月龄平均体重为48千克。4～6月龄羔羊出栏屠宰，平均屠宰率为55%～60%，瘦肉率、胴体出肉率高。成年公羊剪毛量平均5千克，成年母羊4.5千克，净毛率60%，羊毛长度10～15厘米，羊毛细度48～50支。特克赛尔羊性成熟早，母羊7～8月龄便可配种，且发情季节较长。80%的母羊产双羔，产羔率为150%～200%。中国引入后主要用于肉羊的改良育种和杂种优势利用的杂交父本。

（二）特克赛尔羊的缺点

该品种羊怕热，对热的耐受性较差。多呈现季节性发情，在非繁殖季节，母羊的发情较少，公羊的精液品质也较差。

十一、美利奴羊

美利奴羊（图 2. 16、图 2. 17）原产西班牙，美利奴是细毛绵羊品种的统称，现在的细毛羊品种都不同程度地有 16 ~ 17 世纪西班牙美利奴羊的血统。

图 2. 16　美利奴公羊

图 2. 17　美利奴母羊

美利奴羊的毛用、毛肉兼用和肉毛兼用三种类型中肉毛兼用型对营养需要和生态条件的要求较高，毛肉兼用型次之，毛用型的要求最低。

毛用型中的超细型美利奴羊毛细，有极柔软的手感，大部分用于织造轻薄优良精纺毛织品；细型美利奴羊毛主要做衣料用毛，包括用于织造精纺和粗纺织品；中型美利奴羊毛产量最多，最适于织造男装用的优质精纺毛织品，特点是耐用美观；强壮型美利奴羊毛纤维较粗且长，用于织造耐穿的精纺衣料，亦适于织成轻细的针织毛线。较近期培养成的南秋莱尔夏立美利奴羊毛外观、手感和工艺特性均类似山羊绒。

澳洲美利奴羊多作为提高中国细毛羊品种的被毛质量和净毛率而改良杂交的父本，主要在羊毛产区饲养。

德国美利奴羊在中国主要用于改良农区、半农半牧区的粗毛羊或细杂母羊，以增加羊肉产量，通常作为父本。

十二、无角陶赛特羊

自20世纪80年代中国新疆、内蒙古和北京等省市引进了无角陶赛特公羊，饲养结果表明，冬、春季舍饲5个月，其余季节放牧，基本上能够适应中国大多数省区的草场和农区饲养条件。采取无角陶赛特与低代细毛杂种羊、哈萨克羊、阿勒泰羊、蒙古羊、卡拉库尔羊、小尾寒羊和粗毛羊杂交，一代杂种具有明显的父本特征，肉用体型明显，前胸凸出，胸深且宽，肋骨开张大，后躯丰满。在新疆，无角陶赛特杂种一代5月龄屠宰胴体重16.67～17.47千克，屠宰率48.92%。无角陶赛特与小尾寒羊杂交，效果也十分明显，一代杂交公羊6月龄体重为40.44千克，母羊35千克。6月龄羔羊屠宰胴体重24.20千克，屠宰率54.49%。

公羊初情期为6～8月龄，初次配种适宜时间为14月龄。公羊性欲旺盛，身体健壮，可常年配种。母羊初情期为6～8月龄，性成熟为8～10月龄，初次配种适宜时间为12月龄。发情周期平均为16天，妊娠期为145～153天。母羊可常年发情，但以春秋两季尤为明显。保姆性强。经产母羊产羔率为140%～160%。

图2.18　无角陶赛特羊

无角陶赛特羊是适于中国工厂化养羊生产的理想品种之一，作为终端父本对中国的地方品种进行杂交改良，可以显著提高产肉力和胴体品质，特别是进行肥羔生产具有巨大潜力。

无角陶赛特羊适合在黄河流域以北饲养，而在黄河流域以南则怕热，对热的耐受性较差。

十三、波尔山羊

波尔山羊（图 2. 19、图 2. 20）是肉用山羊品种，具有体型大、生长快；屠宰率高，肉质细嫩；繁殖率强，泌乳性能好；板皮厚，品质好；适应性强，耐粗饲；抗病力强和遗传性能稳定等特点。

图 2. 19　波尔山羊公羊

图 2. 20　波尔山羊母羊

（一）波尔山羊的特点

羔羊初生重平均为公羔 3. 8 千克，母羔 3. 5 千克；6 月龄平均体重为公羊 35 千克，母羊 30 千克；成年羊体重为公羊 80 ~ 110 千克，母羊 60 ~ 75 千克。300 日龄日增重 135 ~ 140 克。

6 ~ 8 月龄活重 40 千克时屠宰率为 48% ~52%，成年羊屠宰率为 52% ~56%。皮脂厚度为 1. 2 ~ 3. 4 毫米。骨肉比为 1∶(6 ~7)。

波尔山羊体质强壮，适应性强，善于长距离放牧采食，适宜于灌木林及山区放牧，适应热带、亚热带及温带气候环境饲养。抗逆性强，能防止寄生虫感染。与地方山羊品种杂交，能显著提高后代的生长速度及产肉性能。

中国引入波尔山羊主要用于杂交改良地方山羊，提高后代的肉用性能，一般作为终端杂交父本使用，进行肉羊生产。也有的地方用该品种进行级进杂交，彻底改变地方山羊的生产方向和显著提高杂交后代的肉用性能。

（二）波尔山羊的缺点

公羊 8 月龄性成熟，12 月龄以上用于配种；母羊 7 月龄性成熟，10 月龄以上配种。经产母羊产羔率为 190% ~230%。因此，较地方品种比较而言，其繁殖率远低于地方品种，如南江黄羊、马头山羊等。

十四、黄淮山羊

黄淮山羊（图 2. 21、图 2. 22）产于黄淮平原地区，主要分布在河南周口地区的沈丘、淮阳、项城、郸城和驻马店、许昌、信阳、商丘、开封等地；安徽的阜阳、宿州、滁州、六安以及合肥、蚌埠、淮北、淮南等市郊；江苏的徐州、淮阴两地区沿黄河故道及丘陵地区各县。

黄淮山羊结构匀称，骨骼较细。鼻梁平直，眼大，耳长而立，面部微凹，下颌有髯。分有角和无角两个类型，67% 左右有角。有角者，公羊角粗大，母羊角细小，向上向后伸展呈镰刀状；无角者，仅有 0. 5 ~1. 5 厘米的角基。公羊头大颈粗，胸部宽深，背腰平直，腹部紧凑，体躯呈桶形，外形雄伟，睾丸发育良好，有须和肉垂。母羊颈长，胸宽，背平，腰大而不下垂，乳房大，质地柔软。毛被白色，毛短有丝光，绒毛很少。

图 2. 21　黄淮山羊公羊

图 2. 22　黄淮山羊母羊

黄淮山羊初生重，公羔平均为 2. 6 千克，母羔平均为 2. 5 千克。

2月龄公羔平均为7.6千克，2月龄母羔平均为6.7千克。9月龄公羊平均为22.0千克，相当于成年母羊体重的62.3%。成年公羊体重平均为33.9千克，成年母羊平均为25.7千克。产区习惯于春季生的羔羊冬季屠宰，一般在7~10月龄屠宰，其肉质鲜嫩，膻味小，个别也有到成年时屠宰的。7~10月龄的羯羊宰前重平均为16.0千克，胴体重平均为7.5千克，屠宰率平均为47.13%。成年羯羊宰前重平均为26.32千克，屠宰率平均为45.90%；成年母羊宰前屠宰率平均为51.93%。

黄淮山羊的板皮为汉口路羊皮的主要来源，板皮致密坚韧，表面光洁，毛孔细匀，分层多，拉力强，弹性好，是国内著名的制革原料。黄淮山羊皮板一般取自晚秋、初冬宰杀的7~10月龄羊的皮，面积为1 889~3 555平方厘米，皮重0.25~1.0千克。皮板呈蜡黄色，细致柔软，油润光亮，弹性好，是优良的制革原料。

黄淮山羊性成熟早，初配年龄一般为4~5月龄。发情周期为18~20天，发情持续期为24~48小时。妊娠期为145~150天。母羊产羔后20~40天发情。能一年产两胎或两年产三胎。产羔率平均为238.66%，其中单羔占15.41%，双羔占43.75%，3羔以上占40.84%。繁殖母羊的可利用年限为7~8年。

黄淮山羊对不同生态环境有较强的适应性，性成熟早，繁殖力强，皮板质量好。为充分利用该品种，应开展选育工作，提高产肉性能，推行羔羊肉生产。

在选育工作过程中，在充分考虑提高肉用性能的同时，注意杂交强度和与配羊的品种性能，尤其不能因片面强调产肉性能而导致板皮质量下降。

十五、南江黄羊

南江黄羊（图2.23、图2.24）原产于四川省南江县。全身被毛黄褐色，毛短富有光泽。颜面黑黄，鼻梁两侧有一对称的浅黄色条纹。公羊颈部及前胸被毛黑黄粗长。枕部沿背脊有一条黑色毛带，十字部后渐浅。头大小适中，母羊颜面清秀。大多数有角，少数无角。

耳较长或微垂，鼻梁微隆。公、母羊均有毛髯，少数羊颈下有肉髯。颈长短适中，与肩部结合良好；胸深而广，肋骨开张；背腰平直，尻部倾斜适中；四肢粗壮，肢势端正，蹄质结实。体质结实，结构匀称。体躯略呈圆筒形。公羊额宽，头部雄壮，睾丸发育良好。母羊乳房发育良好。

图 2.23　南江黄羊公羊

图 2.24　南江黄羊母羊

10 月龄羯羊胴体重 12 千克以上，屠宰率44%以上，净肉率32%以上。

母羊的初情期为 3～5 月龄，公羊性成熟为 5～6 月龄。初配年龄公羊为 10～12 月龄，母羊为 8～10 月龄。母羊常年发情，发情周期 19.5 天 ±3 天，发情持续期 34 小时 ±6 小时，妊娠期 148 天 ±3 天，产羔率初产为 140%，经产为 200%。

南江黄羊是国家农业部重点推广的肉用山羊品种之一，该品种已被推广到福建、浙江、陕西、河南、湖北等 10 多个省（区），对各地方山羊品种的改良效果显著。

十六、努比亚山羊

努比亚山羊（图 2.25）体格较大，外表清秀，具有“贵族”气质。头短小，耳大下垂，公、母羊无须无角，面部轮廓清晰，鼻骨隆起，为典型的“罗马鼻”。耳长宽，紧贴头部下垂。颈部较长，前胸肌肉较丰满。体躯较短，呈圆筒状，尻部较短，四肢较长。毛短细，色较杂，以带白斑的黑色、红色和暗红色居多，也有纯白者。在公羊背部和股部常见短粗毛。

图 2.25　努比亚山羊

努比亚山羊的羔羊生长快，产肉多。成年公羊平均体重 79.38 千克，成年母羊 61.23 千克。努比亚山羊性情温驯，泌乳性能好，母羊乳房发育良好，多呈球形。泌乳期一般为 5～6 个月，产奶量一般为 300～800 千克，盛产期日产奶 2～3 千克，高者可达 4 千克以上，乳脂率 4%～7%，奶的风味好。四川省饲养的努比亚奶山羊，平均一胎 261 天产奶 375.7 千克，二胎 257 天产奶 445.3 千克。

努比亚奶山羊繁殖力强，一年可产两胎，每胎 2～3 羔。四川省简阳市饲养的努比亚奶山羊，怀孕期 149 天，各胎平均产羔率 190%，其中一胎为 173%，二胎为 204%，三胎为 217%。

努比亚奶山羊原产于干旱炎热地区，因而耐热性好，中国广西壮族自治区、四川省简阳市、湖北省房县从英国和澳大利亚等国引入饲养，与地方山羊杂交提高了当地山羊的肉用性能和繁殖性能，深受中国养殖户的喜爱。努比亚奶山羊是较好的杂交肉羊生产母本，也是改良本地山羊较好的父本，四川省用它与简阳本地山羊杂交，获得较好的杂交优势，形成了全国知名的简阳大耳羊品种类群。

十七、马头山羊

马头山羊（图 2.26）头形似马，行走时步态如马，反应迟钝，群众俗称“懒羊”。马头山羊按被毛长短可分为长毛型和短毛型两种类型，按背脊可分为“双脊”和“单脊”两类，以“双脊”和“长毛”型品质较好。

图 2.26　马头山羊

公、母羊均无角，两耳平直略向下垂；被毛全白。抗病力强、适应性广、合群性强，易于管理，丘陵山地、河滩湖坡、农家庭院、草地均可放牧饲养，也适于圈养，在中国南方各省都能适应。华中、西南、云贵高原等地引种牧羊，表现良好，经济效益显著。

公羊和母羊全年均可繁殖，母羊初情期为 3 ~ 5 月龄，适配年龄为 6 ~ 8 月龄。初产母羊窝产羔数不低于 1.7，经产母羊窝产羔数不低于 2.2；母羊利用年限不低于 5 年。公羊初情期为 3 ~ 4 月龄，适配年龄为 9 ~ 10 月龄，全年均可配种；采精频率每天 1 ~ 2 次（间隔 6 小时），射精量每次 1 ~ 2 毫升，利用年限 5 ~ 7 年。

板皮厚薄均匀，油性足，弹性好，出革率高，成年板皮平均厚 0.3 厘米，特级板皮面积 8 500 平方厘米以上，一级板皮面积 7 000 平方厘米以上，二级板皮面积 6 500 平方厘米以上。

十八、萨能奶山羊

萨能奶山羊（图 2.27、图 2.28）产于瑞士，是世界上最优秀的奶山羊品种之一，是奶山羊的代表型。现有的奶山羊品种几乎半数以上都不同程度地含有萨能奶山羊的血统。萨能奶山羊具有典型的乳用家畜体型特征，后躯发达。被毛白色，偶有毛尖呈淡黄色，有四长的外形特点，即头长、颈长、躯干长、四肢长。

成年公羊体重75～100千克，最高120千克；母羊50～65千克，最高90千克。母羊泌乳性能良好，泌乳期8～10个月，可产奶600～1 200千克，世界各国不同环境条件下，产奶量差异较大。最高个体产奶纪录3 430千克。母羊产羔率一般170%～180%，高者可达200%～220%。

图2.27　萨能奶山羊母羊

图2.28　萨能奶山羊公羊

第二节　种羊的选择

一、选种的根据

选种是在羊只个体鉴定的基础上进行的，主要根据体型外貌、生产性能、后代品质、血统四个方面对羊只进行选择。

（一）体型外貌

体型外貌在纯种繁育中非常重要，凡是不符合本品种特征的羊不能作为选种对象。不同阶段羊的体型外貌和生理特征可以反映种羊的生长发育和健康状况等，因此可以作为选种的参考依据。从羔羊开始，到育成羊、繁殖羊，每一个阶段都要按该品种的固有特征，确定选择标准进行选择，这种选择方法简单易行。

中国先后引进一些国外羊种，参与中国羊的改良工作，在选种的过程中同样要注意纯种繁育后应该按照该品种的外貌特征选留种羊，杂交羊如果后期不进行杂交配套尽量不留种用。

（二）生产性能

生产性能指体重、屠宰率、繁殖力、泌乳力、早熟性、产毛量、羔裘皮的品质等方面。

羊的生产性能，可以通过遗传传给后代，因此选择生产性能好的种羊是选育的关键环节。但要在各个方面都优于其他品种是不可能的，应突出主要优点。

（三）后代品质

种羊本身是否具备优良性能是选种的前提条件，但它的生产性能水平是否能真实稳定地遗传给后代，就要根据其所产后代（后裔）的成绩进行评定，这样就能比较正确地选出优秀种羊个体。但是这种选择方法经历的时间长，耗费的人力、物力多，一般只有非常重要的选种工作才会开展后裔测定，如通过近交建系法建立优秀家系则可以采用此法。在选种过程中，要不断地选留那些性能好的后代作为后备种羊。

（四）血统

血统即系谱，这种选择方法适合于尚无生产性能记录的羔羊、育成羊或后备种羊，根据它们的双亲和祖代的记录成绩和遗传结果进行选择。系谱选择主要是通过比较其祖先的生产性能记录来推测它们稳定遗传祖先优秀性状的能力，据遗传原理可知，血统关系越近的祖先对后代的影响越大，所以选种时最重要的参考资料是父母的生产记录，其次是祖代的记录。系谱选择对于低遗传力性状如繁殖性能的选择效果较好。

二、选种的方法

生产中种羊的选择方法主要有根据体型外貌和生理特点选择以及根据生产性能记录资料选择两种方法，选种时群体选择和个体选择交叉进行。

（一）根据体型外貌和生理特点选择

选种要在对羊只进行体型外貌和生理特点鉴定的基础上进行。羊的鉴定有个体鉴定和等级鉴定两种，都按鉴定的项目和等级标准准确地进行评定等级。个体鉴定要按项目进行逐项记载，等级鉴定则不做具体的个体记录，只写等级编号。

需要进行个体鉴定的羊包括特级公羊、一级公羊和其他各级种用公羊，准备出售的成年公羊和公羔，特级母羊和指定作为后裔测验的母羊及其羔羊。除进行个体鉴定的羊只以外，其他都做等级鉴定；前面所介绍的羊品种有国家标准和农业行业标准的我们已经一一列出，没有相关标准的羊品种等级标准可根据育种目标的要求自行制定选育标准，等级鉴定的相关内容在此不再赘述。

羊的鉴定一般在体型外貌、生产性能达到充分表现，且有可能做出正确判断的时候进行。公羊一般在到了成年，母羊第一次产羔后对生产性能予以测定。为了培育优良羔羊，对初生、断奶、6 月龄、周岁的时候都要进行鉴定，裘皮型的羔羊，在羔皮和裘皮品质最好时进行鉴定。后代的品质也要进行鉴定，主要通过各项生产性能测定来进行。对后代品质的鉴定，是选种的重要依据。凡是不符合要求的及时淘汰，合乎标准的作为种用。除了对个体鉴定和后裔的测验之外，对种羊和后裔的适应性、抗病力等方面也要进行考察。

1. 羊的个体鉴定具体方法　个体鉴定首先要确定羊只的健康情况，健康是生产的最重要基础。健康无病的羊只一般活泼、好动，肢势端正，乳房形态、功能好，体况良好，不过肥也不过瘦，精神饱满，食欲良好，不会离群独居。有红眼病、腐蹄病、瘸腿的羊只，都不宜作为种用。

在健康的基础上进行羊的外貌鉴定，体型外貌应符合品种标准，无明显失格。

（1）嘴型：正常的羊嘴是上颌和下颌对齐。上、下颌轻度对合不良问题不大，但比较严重时就会影响正常采食。要确定羊上、下颌齐合情况，宜从侧面观察。若下颌或上颌突出，则属于遗传缺陷。下颌短者，俗称鹦鹉嘴；上颌短者，俗称猴子嘴。羊的嘴型见图 2. 29。

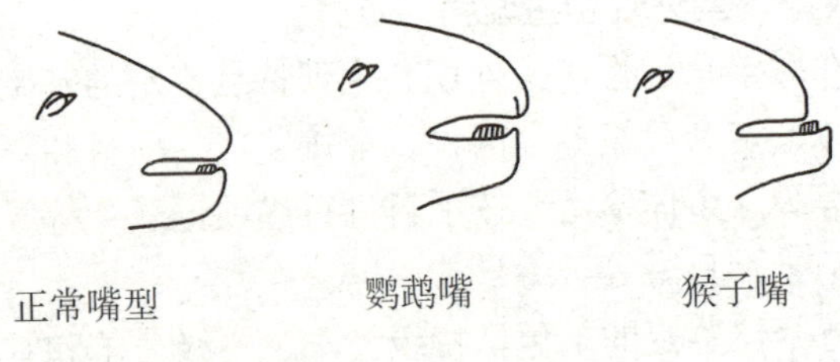

图 2. 29　羊的嘴型

（2）牙齿：羊的牙齿状况依赖于它的食物及其生活的土壤环境。采食粗饲料多的羊只牙齿磨损较快。在咀嚼功能方面，臼齿较切齿更重要。它们主要负责磨碎食物。要评价羊的牙齿磨损情况，需要进行检查。不要直接将手指伸进羊口中，以防被咬伤。臼齿有问题的羊多伴有呼吸急促。有牙病者不宜留种。

（3）腿部和蹄部：健康的羊只，应是肢势端正，球节和膝部关节坚实，角度合适。肩胛部、髋骨、球节倾角适宜，一般应为 45°左右，不能太直，也不能过分倾斜（图 2. 30）。蹄腿部有轻微毛病者一般不影响生活力和生产性能，但失格比较严重的往往生活力较差。蹄甲过长、畸形、开裂者或蹄甲张开过度的羊只均不宜留种（图 2. 31）。

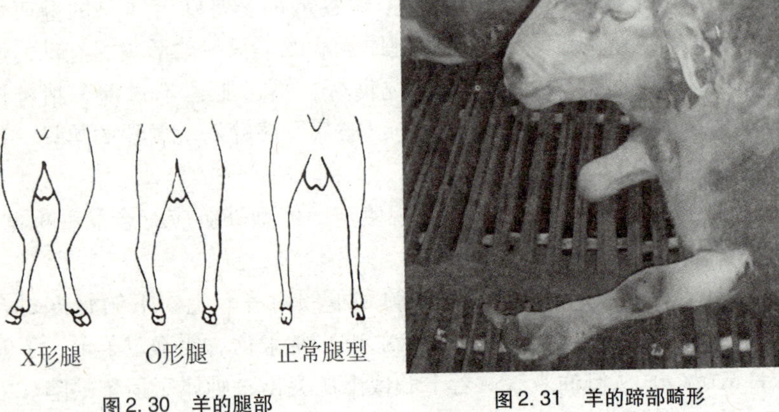

图 2. 30　羊的腿部

图 2. 31　羊的蹄部畸形

（4）体型和体格：不同用途的羊体型应符合主生产力方向的要求，如肉羊和毛用羊体型应为细致疏松型，乳用羊体型为细致紧凑型。各种用途的羊的体格都要求骨骼坚实，各部联结良好，躯体大（图2.32）。个体过小者应淘汰。公羊应外表健壮，雄性十足，肌肉丰满。母羊一般体质细腻，头清秀细长，身体各部角度线条比较清晰。

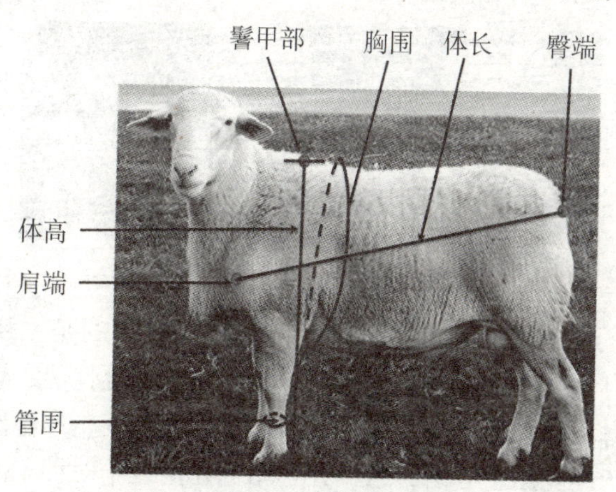

图2.32　羊的体尺指标

（5）乳房（图2.33）：乳房发育不良的母羊没有种用价值。母羊乳房大小因年龄和生理状态不同而异。应触诊乳房，确定是否健康无病和功能正常。若乳房坚硬或有肿块者，应及时淘汰。乳房应有两个功能性的乳头，乳头应无失格。乳房下垂、乳头过大者都不宜留种。此外，也应对公羊的乳头进行检查。公羊也应有两个发育适度的乳头。

图2.33　羊的乳房

(6) 睾丸（图2.34）：公羊睾丸的检查需要触诊。正常的睾丸应是质地坚实，大小均衡，在阴囊中移动比较灵活。若有硬块，有可能患有睾丸炎或附睾炎。若睾丸质地正常，但睾丸和阴囊周径较小，也不宜留种。阴囊周径随品种、体况、季节变化，青年公羊的阴囊大小一般应在30厘米以上，成年公羊的应在32厘米以上。

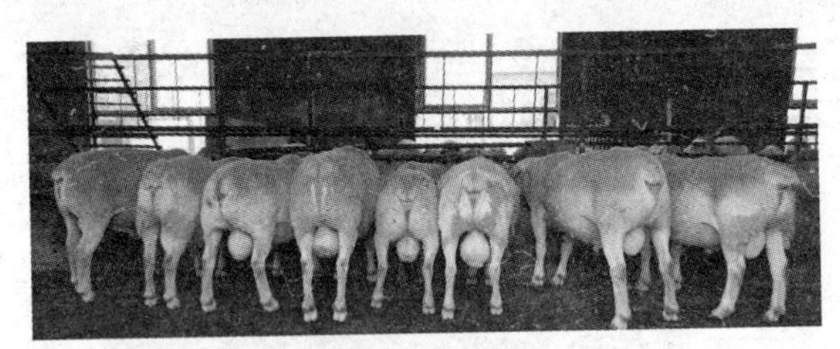

图2.34　羊的睾丸

2. 羊的生产性能鉴定　羊的生产性能主要指的是主要经济性状的生产能力，包括产肉性能，产毛、皮性能，产乳性能，生长发育性能，生活力和繁殖性能等。第二章我们介绍了羊的生产性能评价指标和羊的生产性能测定方法，依据评价指标在生产中对种羊的生产性能进行评定，指导种羊群的选种和育种工作。同时必须系统记录羊的生产性能测定结果，根据测定内容不同设计不同形式的记录表格，可以是纸质表格，也可以建立电子记录档案，保存在计算机中，特别是记录时间长、数据量大时使用电子记录更便于进行相关数据分析。

（二）根据记录资料进行选择

种羊场应该做好羊只主要经济性状的成绩记录，应用记录资料的统计结果采取适当的选种方法，能够获得更好的选育效果。

1. 根据系谱资料进行选择　系谱审查要求有详细记载，因此凡是自繁的种羊应做详细的记载，购买种羊时要向出售单位和个人索取卡片资料。在缺少记载的情况下，只能根据羊的个体鉴定作为选种的依据，无法进行血统的审查。

2. 根据本身成绩进行选择　本身成绩是羊生产性能在一定饲养管理条件下的现实表现，它反映了羊自身已经达到的生产水平，是种羊选择的重要依据。这种选择法对遗传力高的性状（如肉用性能）

选择效果较好，因为这类性状稳定遗传的可能性大，只要选择了好的亲本就容易获得好的后代。

（1）据本身成绩选择公羊：公羊对群体生产性能改良作用巨大，选择优秀公羊可以改善每只羔羊的生产性能，加快群体重要经济性状的遗传进展。在一般中小型羊场，80% ~90% 的遗传进展是通过选择公羊得到的，其余 10% ~20% 通过选择母羊而得。小型羊场一般都需要从外面购买公羊，这时要特别重视公羊的质量。

在使用多个公羊的群体内，可用羔羊断奶重和断奶重比率来进行公羊种用价值评定（表 3.1）。在评估公羊生产性能时，需要考虑公羊和母羊的比率，将母羊羔羊窝重调整为公羊羔羊窝重。

表 2.1　公羊生产性能评估表

公羊号	羔羊数目	矫正羔羊 90 日龄断奶重	羔羊断奶重比率

注：矫正羔羊 90 日龄断奶重 =（断奶重 ÷ 断奶日龄）×90
羔羊断奶重比率 =（某羔羊 90 日龄断奶重 ÷ 羔羊群体平均 90 日龄断奶重）×100

（2）据母羊本身成绩选择母羊：对于每只母羊，可用实际断奶重或矫正 90 日龄断奶重进行评价。也可以计算母羊生产效率评价：

母羊生产效率 =（每年羔羊断奶窝重 ÷ 断奶时母羊体重）×100

从上面公式可见，母羊生产效率在 50% ~100%。生产效率越高，则饲料转化效率越高，利润越大。

3. 根据同胞成绩进行选择　可根据全同胞和半同胞两种成绩进行选择。同父同母的后代个体间互称全同胞，同父异母或同母异父的后代个体间互称半同胞。它们之间有共同的祖先，在遗传上有一定的相似性，它能对种羊本身不表现性状的生产优势做出判断。这种选择方法适合限性性状或活体难度量性状的选择，如种公羊的产羔潜力、产乳潜力就只能用同胞、半同胞母羊的产羔或产乳成绩来选择，种羊的屠宰性能则以屠宰的同胞、半同胞的实测成绩来选择。

4. 根据后裔成绩进行选择　根据系谱、本身记录和同胞成绩选择可以确定选择种羊个体的生产性能，但它的生产性能是否能真实稳定地遗传给后代，就要根据其所产后代（后裔）的成绩进行评定，这样就能比较正确地选出优秀种羊个体。但是这种选择方法经历的时间长，耗费的人力、物力多，一般只有非常重要的选种工作才会开展后裔测定，如通过近交建系法建立优秀家系则可以采用此法。

公羊后裔测定的基本方法是：使公羊与相同数量、生产性能相似的母羊进行交配。然后记录母羊号、母羊年龄、产羔数、羔羊初生重、断奶日龄等信息，计算矫正90日龄断奶重、断奶重比率等指标，然后进行比较。在产羔数相近的情况下，以断奶重和断奶重比率为主比较公羊的优劣。

5. 根据综合记录资料进行选择 反映种羊生产性能的有多个性状，每个性状的选择可靠性对不同的记录资料有一定差异。对成年种羊来说，其亲本、后代、自身等均有生产性能记录资料，就可以根据不同性状与这些资料的相关性大小、上下代成绩表现进行综合选择，以选留更好的种羊。

三、做好后备种羊的选留工作

为了选种工作顺利进行，选留好后备种羊是非常必要的。后备种羊的选留要从以下几个方面进行。

1. 选窝（看祖先） 从优良的公母羊交配后代中，全窝都发育良好的羔羊中选择。母羊需要选择第二胎以上的经产多羔羊。

2. 选个体 要在初生重和生长各阶段增重快、体尺好、发情早的羔羊中选择。

3. 选后代 要看种羊所产后代的生产性能，是不是将父母代的优良性能传给了后代，凡是没有这方面的遗传，不能选留。

后备母羊的数量，一般要达到需要数的3～5倍，后备公羊的数量也要多于需要数，以防在育种过程中有不合格的羊不能做种用而数量不足。

第三节　引种方法

一、引种原则

（一）根据生产目的引进合适的羊品种

在引入羊种之前，要明确本养殖场的主要生产方向，全面了解拟引进品种羊的生产性能，以确保引入羊种与生产方向一致。如长江以南地区，适于山羊饲养，在寒冷的北方则比较适合绵羊饲养，山区丘陵地区也较适于山羊饲养。有的地区也有相当数量的地方羊种，只是生产水平相对较低，这时引入的羊种应该以肉用性能为主，同时兼顾其他方面的生产性能。可以通过场家的生产记录、近期测定站公布的测定结果以及有关专家或权威机构的认可程度了解该羊种的生产性能，包括生长发育、生活力和繁殖力、产肉性能、饲料消耗、适应性等进行全面了解。同时要根据相应级别（品种场、育种场、原种场、商品生产场）选择良种。如有的地区引进纯系原种，其主要目的是为了改良地方品种，培育新品种、品系或利用杂交优势进行商品羊生产；也有的场家引进杂种代直接进行肉羊生产。

确保引进生产性能高而稳定的羊种。根据不同的生产目的，有选择性地引入生产性能高而稳定的品种，对各品种的生产特性进行正确比较。如从肉羊生产角度出发，既要考虑其生长速度、出栏时间和体重，尽可能高地增加肉羊生产效益，又要考虑其繁殖能力，有的时候还应考虑肉质，同时要求各种性状能保持稳定和统一。

花了大量的财力、物力引入的良种要物尽其用，各级单位要充分考虑到引入品种的经济效益、社会效益和生态效益，做好原种保存、制种繁殖和选育提高的育种计划。

（二）选择市场需求的品种

根据市场调研结果，引入能满足市场需要的羊种。不同的市场需求不同的品种，如有些地区喜欢购买山羊肉，有些地区则喜食绵羊肉，并且对肉质的需求也不尽相同。生产中则要根据当地市场需求和产品的主要销售地区选择合适的羊种。

（三）根据养殖实力选择羊种

要根据自己的财力，合理确定引羊数量，做到既有钱买羊，又有钱养羊。俗话说，“兵马出征，粮草先行”，准备购羊前要备足草料，修缮羊舍，配备必要的设施。刚步入该行业的养殖户不适合花太多钱引进国外品种，也不适合搞种羊培育工作。最好先从商品肉羊生产入手，因为种羊生产投入高、技术要求高，相对来说风险大，待到养殖经验丰富、资金条件成熟时再从事种羊养殖、制种推广。

二、引种应注意的事项

（一）到规模化育种场引进种羊

引进种羊时要注意地点的选择，一般要到该品种的主产地去。国外引进的羊品种大都集中饲养在国家、省级科研部门及育种场内，在缺乏对品种的辨别时，最好不要到主产地以外的地方去引种，以免上当受骗。引种时要主动与当地畜牧部门取得联系。

（二）做好引种准备

引种前要根据引入地饲养条件和引入品种生产要求做好充分准备。

1. 准备圈舍和饲养设备 圈舍、围栏、采食、饮水、卫生维护等基础设施要准备到位，饲养设备做好清洗、消毒，同时备足饲料和常用药物。如果两地气候差异较大，则要充分做好防寒保暖工作，减小环境应激，使引入品种能逐渐适应气候的变化。

2. 培训饲养技术人员 技术人员能够做到熟悉不同生理阶段种羊饲养技术，具备对常见问题的观察、分析和解决能力，能够做到指导和管理饲养人员，对羊群的突发事件能够及时采取相应措施。

（三）做到引种程序规范，技术资料齐全

1. 签订正规引种合同 引种时一定要与供种场家签订引种合同，内容应注明品种、性别、数量、生产性能指标、售后服务项目及责任、违约索赔事宜等。

2. 索要相关技术资料 不同羊种、不同生理阶段生产性能、营

养需求、饲养管理技术手段都会有差异，因此引种时向供种方索要相关生产技术材料有利于生产中参考。

3. 了解种羊的免疫情况　不同场家种羊免疫程序和免疫种类有可能有差异，因此必须了解供种场家已经对种羊做过何种免疫，避免引种后重复免疫或者漏免造成不必要的损失。

（四）保证引进健康、适龄种羊

羊只的挑选是引种的关键，因此到现场参与引进羊的人，最好是一位有养羊经验的人，能够准确把握羊的外貌鉴定，能够挑选出品质优良的个体，会看羊的年龄，了解羊的品质。到种羊场去引进羊，首先要了解该羊场是否有畜牧部门签发的种畜禽生产许可证、种羊合格证及系谱耳号登记，三者是否齐全。若到主产地农户收购，应主动与当地畜牧部门联系，也可委托畜牧部门办理，让他们把好质量关口。挑选时，要看羊的外貌特征是否符合品种标准，公羊要选择1～2岁的，手摸睾丸富有弹性，注意不购买单睾羊；手摸有痛感的羊多患有睾丸炎，膘情中上等但不要过肥过瘦。母羊多选择周岁左右的，这些羊多半正处在配种期，母羊要强壮，乳头大而均匀，视群体大小确定公、母羊比例，一般比例要求1∶(15～20)，群体小，可适当增加公羊数，以防近交。

（五）确定适宜的引进羊时间

引进羊最适季节为春秋两季，因为这两季节气温不高，也不太冷，冬季在华南、华中地区也能进行，但要注意保温。引进羊最忌在夏季，6～9月天气炎热、多雨，大都不利于远距离运输。如果引进羊距离较近，不超过1天的时间，可不考虑引进羊的季节。如果引进地方良种羊，这些羊大都集中在农民手中，要尽量避开夏收和三秋农忙时节，这时大部分农户顾不上卖羊，选择面窄，难以把羊引进好。

（六）运输注意事项

羊只装车不要太拥挤，一般加长挂车装50只，冬天可适当多装几只，夏天要适当少装几只。汽车运输要匀速行驶，避免急刹车，一般每小时要停车检查一下，趴下的羊要及时拉起，防止踩、压，特别是山地运输更要小心。途中要及时给予充足的饮水，羊只装车时要带足当地羊喜吃的草料，一天要给料 3 次，饮水 4 ~5 次。

（七）严格检疫，做好隔离饲养

引种时必须符合国家法规规定的检疫要求，认真检疫，办齐一切检疫手续。严禁进入疫区引种。引入品种必须单独隔离饲养，一般种羊引进隔离饲养观察 2 周，重大引种则需要隔离观察 1 个月，经观察确认无病后方可入场。有条件的羊场可对引入品种及时进行重要疫病的检测。

（八）要注意加强饲养管理和适应性锻炼

引种第一年是关键性的一年，应加强饲养管理。要做好引入种羊的接运工作，并根据原来的饲养习惯，创造良好的饲养管理条件，选用适宜的日粮类型和饲养方法。在迁运过程中为防止水土不服，应携带原产地饲料供途中或到达目的地时使用。根据引进种羊对环境的要求，采取必要的降温或防寒措施。

第三章　羊场建设与羊病防控

羊场的科学规划设计，是提高羊生产性能的保证。可以使建设投资较少，生产流程通畅，劳动效率最高，生产潜力得以发挥，生产成本较低。反之，不合理的规划设计将导致生产指标无法实现，羊场亏损甚至破产。

第一节　羊场场址的选择

羊场场址的选择是养羊的重要环节，也是养羊成败的关键，无论是新建羊场，还是在现有设施的基础上进行改建或扩建，选址时必须综合考虑自然环境、社会经济状况、畜群的生理和行为需求、卫生防疫条件、生产流通及组织管理等各种因素，科学和因地制宜地处理好相互之间的关系。

因此，羊场场址的选择要从羊的生理特点着手，结合当地环境、资源等基础条件，为羊创造一个最佳的生活环境。在 GB/T 18407.3—2001《农产品安全质量　无公害畜禽肉产地环境要求》和 NY/T 5151—2002《无公害食品　肉羊饲养管理准则》所要求的基础上进行合理的选择。

一、羊场场址的选择原则

总体来讲，羊场场址的选择要有利于羊的生产、管理和防疫，同时保证当地的生态环境不受影响。

一是周围及附近饲草，特别是像花生秧、甘薯秧、大蒜秆、大豆秆等优质农副秸秆资源必须丰富；二是交通方便而又不紧邻交通要道；三是地势高燥，既有利于防洪排涝又不会发生断层、陷落、滑坡或塌方；四是地形比较平坦，土层透水性好；五是有水、有电或水电问题较易解决；六是不会造成社会公用水源的污染；七是要与村落保持150米以上的距离，并尽量处在村落下风和低于农舍、水井的地方；八是土地开发利用价值低。

二、羊场场址的基本要求

（一）地形地势

地形是指场地的形状、范围以及地物，包括山岭、河流、道路、草地、树林、居民点等的相对平面位置状况；地势是指场地的高低起伏状况。羊场的场址应选在地势较高、干燥平坦、排水良好和向阳背风的地方。

（1）平原地区一般场地比较平坦、开阔，场址应注意选择在较周围地段稍高的地方，以利排水。地下水位要低，以低于建筑物地基深度0.5米以下为宜。

（2）靠近河流、湖泊的地区，场地要选择在较高的地方，应比当地水文资料中最高水位高1～2米，以防涨水时被水淹没。

（3）山区建场应尽量选择在背风向阳、面积较大的缓坡地带。应选在稍平缓坡上，坡面向阳，总坡度不超过25%，建筑区坡度应在2.5%以内。坡度过大，不但在施工中需要大量填挖土方，增加工程投资，而且在建成投产后也会给场内运输和管理工作造成不便。山区建场还要注意地质构造情况，避开断层、滑坡、塌方的地段，也要避开坡底和谷地以及风口，以免受山洪和暴风雪的袭击。

羊有喜干燥厌潮湿的生活习性，如长期生活在低洼潮湿环境中，不仅影响生产性能的发挥，而且容易引发寄生虫病等一些疾病。因而，切忌将羊场建在低洼地、山谷、朝阴、风口等处。土质黏性过重，透气透水性差，不易排水的地方，也不适宜建场。地下水位应在2米以下，土质以沙壤土为好，且舍外运动场具有5°～10°的小坡度。这样，既有利于防洪排涝又不会发生断层、陷落、滑坡或塌方，地形比较平坦，土层透水性好。

（二）饲草料来源

饲草料是羊赖以生存的最基本条件，在以放牧为主的牧场，必须有足够的牧地和草场。以舍饲为主的农区、垦区和较集中的肉羊育肥产区，必须有足够的饲草、饲料基地或便利的饲料原料来源。羊场周围及附近饲草，特别是像花生秧、甘薯秧、大蒜秆、大豆秆等优质农副秸秆资源必须丰富。建羊场要考虑有稳定的饲料供给，如放牧地、饲料生产基地、打草场等。

因此，对以舍饲为主的羊场，必须有足够的饲草饲料基地和便利的饲料原料来源；对以放牧为主的羊场，必须有足够的牧地和草场。切忌在草料缺乏或附近无牧地的地方建羊场。

（三）水、电资源

水资源应符合 NY 5027—2001《无公害食品　畜禽饮用水水质》。具有清洁而充足的水源，是建羊场必须考虑的基本条件。羊场要求四季供水充足，取用方便，最好使用自来水、泉水、井水和流动的河水，并且水质良好，水中大肠杆菌数、固形物总量、硝酸盐和亚硝酸盐的总含量应低于规定指标。

水源水质关系着生产和生活用水与建筑施工用水，要给以足够的重视。首先要了解水源的情况，如地面水（河流、湖泊）的流量，汛期水位；地下水的初见水位和最高水位，含水层的层次、厚度和流向。对水质情况需了解酸碱度、硬度、透明度，有无污染源和有害化学物质等。并应提取水样做水质的物理、化学和生物污染等方面的化验分析。了解水源水质状况是为了便于计算拟建场地地段范围内的水的资源，供水能力，能否满足羊场生产、生活、消防用水要求。

在仅有地下水源地区建场，第一步应先打一眼井。如果打井时出现任何意外，如流速慢、泥沙或水质问题，最好是另选场址，这样可减少损失。对羊场而言，建立自己的水源，确保供水是十分必要的。此外，水源和水质与建筑工程施工用水也有关系，主要与砂浆和钢筋混凝土搅拌用水的质量要求有关。水中的有机质在混凝土凝固过程中发生化学反应，会降低混凝土的强度，锈蚀钢筋，形成对钢混结构的破坏。

如羊场附近有排污水的工厂，应将羊场建于其上游。切忌在严重缺水或水源严重污染的地方建立羊场。

羊场内生产和生活用电都要求有可靠的供电条件。因此，需了解供电电源的位置，与羊场的距离，最大供电允许量，是否经常停电，有无可能双路供电等。通常，建设羊场要求有Ⅱ级供电电源。在Ⅲ级以下供电电源时，则需自备发电机，以保证场内供电的稳定可靠。为减少供电投资，应尽可能靠近输电线路，以缩短新线路敷设距离。

（四）交通

羊场要求建在交通便利的地方，便于饲草和羊只的运输。羊场的交通方便而又不紧邻交通要道。距离公路、铁路交通要道远近适宜，同时考虑交通运输的便利和防疫两个方面的因素。要与村落保持150米以上的距离，并尽量处在村落下风和低于农舍、水井的地方。但为了防疫的需要，羊场应距离村镇不少于500米，离交通干线1 000米、一般道路500米以上。

还应有充足的能源和方便的电信条件，这是现代养羊生产对外交流、合作的必备条件，也便于商品流通。应根据国家畜牧业发展规划和各地畜禽品种发展区划，将羊场选在适合当地主要发展品种的中心。

（五）防疫

羊场场地及周围地区必须为无疫病区，放牧地和打草场均未被污染。羊场周围的畜群和居民宜少，应尽量避开附近单位的羊群转场通道，以便在一旦发生疫病时容易隔离、封锁。选址时要充分了解当地和周围的疫情状况，切忌将养羊场建在羊传染病和寄生虫病流行的疫区，也不能将羊场建于化工厂、屠宰场、制革厂等易造成环境污染的企业的下风向。同时羊场也不能污染周围环境，应处于居民点的下风向。

（六）环境生态

遵循国家GB 14554—1993《恶臭污染物排放标准》和NY/T 388—1999《畜禽场环境质量标准》的规定，了解国家有关羊生产的相关政策、地方生产发展方向和资源利用等。在开始建场以前，应获得市政、建设、环保等有关部门的批准，此外，还必须取得相关法规规定的施工许可证。

选择场址必须符合本地区农牧业生产发展总体规划、土地利用发展规划和城乡建设发展规划的用地要求。必须遵守十分珍惜和合理利用土地的原则，不得占用基本农田，尽量利用荒地和劣地建场。大型羊企业分期建设时，场址选择应一次完成，分期征地。近期工程应集中布置，征用土地满足本期工程所需面积。远期工程可预留用地，随建随征。

以下地区或地段的土地不宜征用：①规定的自然保护区、生活饮用水水源保护区、风景旅游区；②受洪水或山洪威胁及泥石流、滑坡等自然灾害多发地带；③自然环境污染严重的地区。

第二节　羊场总体规划设计

羊场的规划完成后并经建设主管单位、城乡规划、环境保护等有关部门批准，即可进行羊场的具体工艺设计和场内羊舍、办公管理、库房等生产生活建筑与水、暖、电等基础设施的工程设计和建设。

一、羊场的规划原则

羊场规划的主要内容包括羊场场址选择、羊场工艺设计、羊场总平面布置、羊场基础设施工程规划四个方面。羊场的规划原则要有利于羊的生产，安全的防疫卫生条件和防止对外部环境的污染是羊场规划建设与生产经营面临的首要问题，应按以下原则进行：

（1）根据羊场的生产工艺要求，结合当地气候条件、地形地势及周围环境特点，因地制宜，做好功能分区规划。合理布置各种建（构）筑物，满足其使用功能，创造出经济合理的生产环境。

（2）充分利用场区原有的自然地形、地势，建筑物长轴尽可能顺场区的等高线布置，尽量减少土石方工程量和基础设施工程费用，最大限度地减少基本建设费用。

(3) 合理组织场内、外的人流和物流，创造最有利的环境条件和低劳动强度的生产联系，实现高效生产。

(4) 保证建筑物具有良好的朝向，满足采光和自然通风条件，并有足够的防火间距。

(5) 利于羊粪尿、污水及其他废弃物的处理和利用，确保其符合清洁生产的要求。

(6) 在满足生产要求的前提下，建（构）筑物布局应紧凑，节约用地，少占或不占耕地，并应充分考虑今后的发展，留有余地。特别是对生产区的规划，必须兼顾将来技术进步和改造的可能性，可按照分阶段、分期、分单元建场的方式进行规划，以确保达到最终规模后总体的协调和一致（图 3.1）。

图 3.1　羊场布局

二、羊场的功能分区及其规划

羊场的功能分区是否合理，各区建筑物布局是否得当，不仅影响基建投资、经营管理、生产组织、劳动生产率和经济效益，而且影响场区的环境状况和防疫卫生。因此，应认真做好羊场的分区规划，确定场区各种建筑物的合理布局。

（一）羊场的功能分区

羊场通常分为生活管理区、辅助生产区、生产区和隔离区。生活管理区和辅助生产区应位于场区常年主导风向的上风处和地势较高处，隔离区位于场区常年主导风向的下风处和地势较低处（图 3.2）。

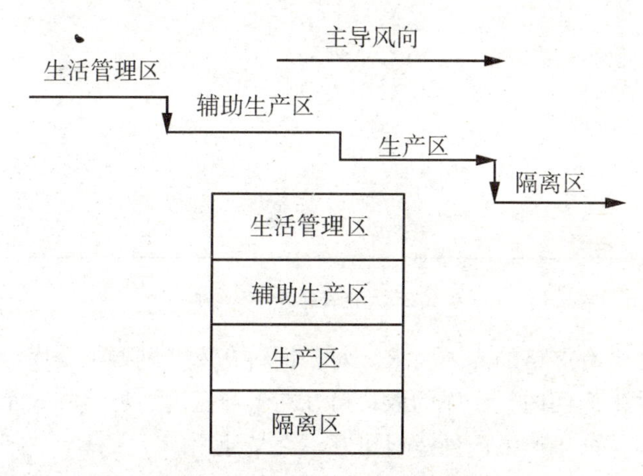

图 3.2　按地势、风向的分区规划

（二）羊场的规划布置

1. 生活管理区　主要包括管理人员办公室、技术人员业务用房、接待室、会议室、技术资料室、化验室、食堂、职工值班宿舍、厕所、传达室、警卫值班室以及围墙和大门，外来人员第一次更衣消毒室和车辆消毒设施等（图 3.3）。

对生活管理区的具体规划因羊场规模而定。生活管理区一般应位于场区全年主导风向的上风处或侧风处，并且应在紧邻场区大门内侧集中布置。羊场大门应位于场区主干道与场外道路连接处，设施布置应使外来人员或车辆经过强制性消毒，并经门卫放行才能进场。

生活管理区应和生产区严格分开，与生产区之间有一定缓冲地带，生产区入口处设置第二次人员更衣消毒室和车辆消毒设施。

2. 辅助生产区　主要是供水、供电、供热、设备维修、物资仓库、饲料储存等设施，这些设施应靠近生产区的负荷中心布置，与生

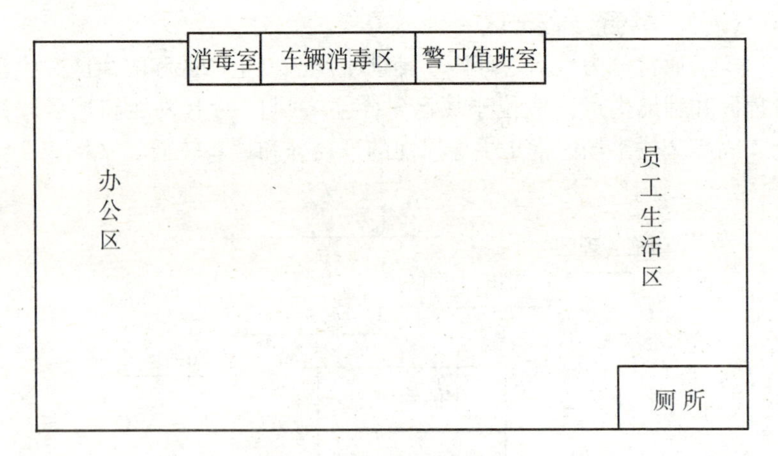

图 3.3　生活管理区大体规划

活管理区没有严格的界限要求。对于饲料仓库，则要求仓库的卸料口开在辅助生产区内，仓库的取料口开在生产区内，杜绝外来车辆进入生产区，保证生产区内外运料车互不交叉使用。

3. 生产区　主要布置不同类型的羊舍、剪毛间、采精室、人工授精室、羊装车台、选种展示厅等建筑。这些设施都应设置两个出入口，分别与生活管理区和生产区相通。

4. 隔离区　隔离区内主要是兽医室、隔离羊舍、尸体解剖室、病尸高压灭菌或焚烧处理设备及粪便和污水储存与处理设施。隔离区应位于全场常年主导风向的下风处和全场场区最低处，与生产区的间距应满足兽医卫生防疫要求。绿化隔离带、隔离区内部的粪便污水处理设施和其他设施也需有适当的卫生防疫间距。隔离区内的粪便污水处理设施与生产区有专用道路相连，与场区外有专用大门和道路相通。

羊场的整体规划效果如图 3.4 所示。

（三）羊场主要建筑构成

1. 生产建筑设施　生产建筑设施包括种公羊舍、母羊舍、羔羊舍、育肥羊舍、病羊隔离舍等。

2. 辅助生产建筑设施　辅助生产建筑设施包括更衣室、消毒室、

图 3.4　羊场规划效果图

兽医室、药浴池、青贮窖（塔）、饲料加工间、变配电室、水泵房、锅炉房、仓库、维修间、粪便污水处理设施等。

3. 生活和管理建筑　生活和管理建筑包括管理区内的办公用房、食堂、宿舍、文化娱乐用房、围墙、大门、门卫室、厕所、场区其他工程等。

（四）羊场规划的主要技术经济指标

羊场规划的技术经济指标是评价场区规划是否合理的重要内容。新建场区可按下列主要技术经济指标进行，对局部或单项改、扩建工程的总平面设计的技术经济指标可视具体情况确定。

1. 占地估算　按存栏基础母羊计算：占地面积为 15 ~ 20 米^2/只，羊舍建筑面积为 5 ~ 7 米^2/只，辅助和管理建筑面积为 3 ~ 4 米^2/只。按年出栏商品羊计算：占地面积为 5 ~ 7 米^2/只，羊舍建筑面积为 1.6 ~ 2.3 米^2/只，辅助和管理建筑面积为 0.9 ~ 1.2 米^2/只。

2. 所需面积　羊舍建筑以 50 只种母羊为例，建筑面积 147 平方米，运动场 850 平方米，不同规模按比例折算，具体参数见表 3.1。

3. 羊舍高度　2 ~ 2.5 米。

4. 门窗面积　窗户与羊舍面积之比为 1∶12。

5. 羊场的规模　按年终存栏数来说，大型场为 1 万 ~ 5 万只，中型场为 3 000 ~ 10 000 只，小型场 500 ~ 3 000 只，养羊专业户一般饲养 500 只以下。

表3.1 羊场建筑物占地面积

羊舍构成	存栏数（只）	羊舍面积（平方米）	运动场（平方米）
待配及妊娠母羊舍	25	38	100
哺乳母羊及产羔室	25+50	45	250
青年羊舍	50	40	500
饲料间	—	10	—
观察室	—	8	—
人工授精室	—	6	—

6. 建筑密度 小于等于35%。

7. 绿地率 大于等于30%。

8. 运动场面积 按每只成年羊4平方米估算，其他羊不计。

9. 造价指标 200~350元/米^2。

三、羊场规划设计

（一）规划阶段

规划阶段主要包括规划设计说明书、总平面规划图、道路及其竖向工程规划图、给排水和粪污处理与利用工程规划图、采暖工程规划图、电力电信工程规划图、绿化工程规划图（以上图纸均为1∶1 000或1∶500）。

（二）初步设计阶段

初步设计阶段主要是为了说明设计方案的合理性和技术的可行性，包括：场区总平面图，所有生活、生产、生产辅助建筑的平面图，主要立面图、剖面图，生产建筑的工艺平面图，粪污处理与利用工程工艺图，投资估算和工程技术经济指标汇总表，初步设计说明书。

（三）施工图设计阶段

根据上级和各有关部门的审批意见修改初步设计后，由各专业工种为了工程施工而进行详细的施工图设计，要求所有图纸与设计文件准确、齐全、简明、清晰、统一。

施工图文件包括：总平面图（图3.5），所有拟建建筑和设施的建筑施工图（含平面图、立面图、剖面图、建筑构造详图等）、结构施工图、设备施工图（含给排水、采暖通风、电气），各专业施工图说明书与计算书，工程预算书。

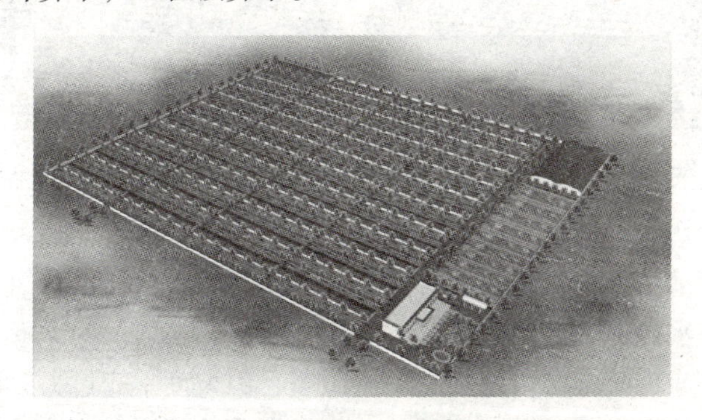

图 3.5　施工总平面图

第三节　羊舍规划建设

羊舍是羊只生活的主要环境之一，羊舍的建设是否利于羊生产的需要，在一定程度上成为养羊成败的关键。羊舍的规划建设必须结合不同地域和气候环境进行。

一、羊舍建设的基本要求

第一，要结合当地气候环境，南方地区由于天气较热，羊舍建设主要以防暑降温为主；北方地区则以保温防寒为主。第二，尽量使建设成本降低，经济实用。第三，创造有利于羊的生产环境。第四，圈舍的结构要有利于防疫。第五，保证人员出入、饲喂羊群、清扫栏圈方便。第六，圈内光线充足、空气流通、羊群居住舒适。同时，主要圈舍应选择南北朝向，后备羊舍、产羔舍、羔羊舍要合理布局，而且要留有一定间距。

开放式羊舍与封闭式羊舍平面布局如图 3.6、图 3.7 所示。

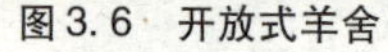
图3.6　开放式羊舍

图3.7　封闭式羊舍

（一）地点要求

根据羊的生物学特性，应选地势高燥、排水良好、背风向阳、通风干燥、水源充足、环境安静、交通便利、方便防疫的地点建造羊舍。山区或丘陵地区可建在靠山向阳坡，但坡度不宜过大，南面应有广阔的运动场。低洼、潮湿的地方容易发生羊的腐蹄病和滋生各种微生物病，诱发各种疾病，不利于羊的健康，不适合羊舍建设。羊舍应接近放牧地及水源，要根据羊群的分布而适当布局。羊舍要充分利用冬季阳光采暖，朝向一般为坐北朝南，位于办公室和住房的下风向，屋角对着冬、春季的主导风向。用于冬季产羔的羊舍，要选择背山、避风、冬春季容易保温的地方。

（二）面积要求

各类羊只所需羊舍面积，取决于羊的品种、性别、年龄、生理状态、数量、气候条件和饲养方式。一般以冬季防寒、夏季防暑、防潮、通风和便于管理为原则。

羊舍应有足够的面积，使羊在舍内不感到拥挤，可以自由活动。羊舍面积过大，既浪费土地，又浪费建筑材料；面积过小，舍内拥挤潮湿、空气污染严重，有碍于羊体健康，管理不便，生产效率不高。

各类羊只羊舍所需面积，见表3.2。

农区多为传统的公、母、大、小羊混群饲养，其平均占地面积应为0.8～1.2平方米。产羔室可按基础母羊数的20%～25%计算面积。运动场面积一般为羊舍面积的2～2.5倍。成年羊运动场面积可按4米^2/只计算。

表 3.2　各类羊只羊舍所需面积

羊别	面积（米²/只）	羊别	面积（米²/只）
单饲公羊	4.0 ~ 6.0	育成母羊	0.7 ~ 0.8
群饲公羊	1.5 ~ 2.0	去势羔羊	0.6 ~ 0.8
春季产羔母羊	1.2 ~ 1.4	3 ~ 4 月龄羔羊	0.3 ~ 0.4
冬季产羔母羊	1.6 ~ 2.0	育肥羯羊、淘汰羊	0.7 ~ 0.8
育成公羊	0.7 ~ 0.9	—	—

在产羔舍内附设产房，产房内有取暖设备，必要时可以加温，使产房保持一定的温度。产房面积根据母羊群的大小决定，在冬季产羔的情况下，一般可占羊舍面积的 25% 左右。

（三）高度要求

羊舍高度要依据羊群大小、羊舍类型及当地气候特点而定（图 3.8）。羊数多，羊舍可更高些，以保证足量的空气，但过高则保温不良，建筑费用亦高，一般高度为 2.5 米，双坡式羊舍净高（地面至天棚的高度）不低于 2 米。单坡式羊舍前墙高度不低于 2.5 米，后墙高度不低于 1.8 米。南方地区的羊舍防暑防潮重于防寒，羊舍高度应适当增加。

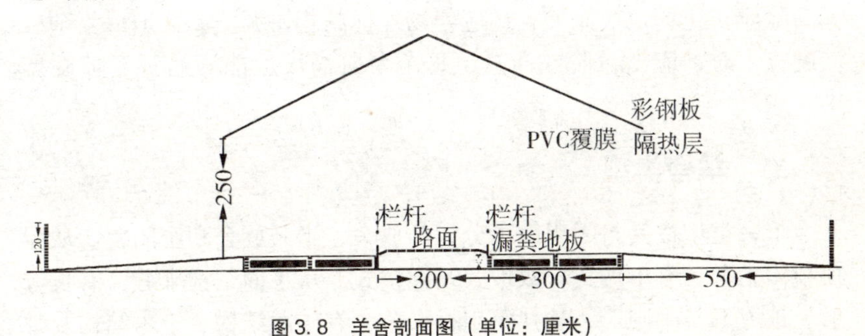

图 3.8　羊舍剖面图（单位：厘米）

（四）通风采光要求

一般羊舍冬季温度保持在 0℃ 以上，羔羊舍温度不超过 8℃，产羔室温度在 8 ~ 10℃ 比较适宜。由于绵羊有厚而密的被毛，抗寒能力较强，所以舍内温度不应过高。山羊舍内温度应高于绵羊舍内温度。

为了保持羊舍干燥和空气新鲜，必须有良好的通气设备。羊舍的通气装置，既要保证有足够的新鲜空气，又能避贼风。可以在屋顶上设通气孔，孔上有活门，必要时可以关闭。在安设通气装置时要考虑每只羊每小时需要3~4立方米的新鲜空气，对南方羊舍夏季的通风要求要特别注意，以降低舍内的高温。

羊舍内应有足够的光线，以保证舍内卫生。窗户面积一般占地面面积的1/15，冬季阳光可以照射到室内，既能消毒又能增加室内温度；夏季敞开，增大通风面积，降低室温。在农区，绵羊舍主要注重通风，山羊舍要兼顾保温。

（五）造价要求

羊舍的建筑材料以就地取材、经济耐用为原则。土坯、石头、砖瓦、木材、芦苇、树枝等都可以作为建筑材料。在有条件的地区及重点羊场内应利用砖、石、水泥、木材等修建一些坚固的永久性羊舍，这样可以减少维修的费用。

（六）内外高差

羊舍内地面标高应高于舍外地面标高0.2~0.4米，并与场区道路标高相协调。场区道路设计标高应略高于场外路面标高。场区地面标高除应防止场地被淹外，还应与场外标高相协调。场区地形复杂或坡度较大时，应做台阶式布置，每个台阶高度应能满足行车坡度要求。

二、羊舍类型

羊舍类型按其封闭程度可分为开放舍、半开放舍和密闭舍。从屋顶结构来分，有单坡式、双坡式及圆拱式。从平面结构来分，有长方形、正方形及半圆形。从建筑用材来分，有砖木结构、土木结构及敞篷围栏结构等。

单坡式羊舍的跨度小，自然采光好，适于小规模羊群和简易羊舍选用；双坡式羊舍跨度大，保暖能力强，但自然采光、通风差，适于寒冷地区采用，是最常用的一种类型。在寒冷地区，还可选用拱式、双折式、平屋顶等类型；天气炎热地区可选用钟楼式羊舍。

在选择羊舍类型时，应根据不同类型羊舍的特点，结合当地的气候特点、经济状况及建筑习惯全面考虑，选择适合本地、本场实际情况的羊舍形式。

三、羊舍的布局

羊舍修建宜坐北朝南，东西走向。羊场布局以产房为中心，周围依次为羔羊舍、青年羊舍、母羊舍与带仔母羊舍。公羊舍建在母羊舍与青年母羊舍之间，羊舍与羊舍相距保持15米，中间种植树木或草。隔离病房建在远离其他羊舍地势较低的下风向。羊场内清洁通道与排污通道分设。办公区与生产区隔开，其他设施则以方便防疫，方便操作为宜。

（一）羊舍的排列

1. 单列式　单列式布置使场区的净污道路分工明确，但会使道路和工程管线线路过长（图3.9）。此种布局是小规模羊场和因场地狭窄限制的一种布置方式，地面宽度足够的大型羊场不宜采用。

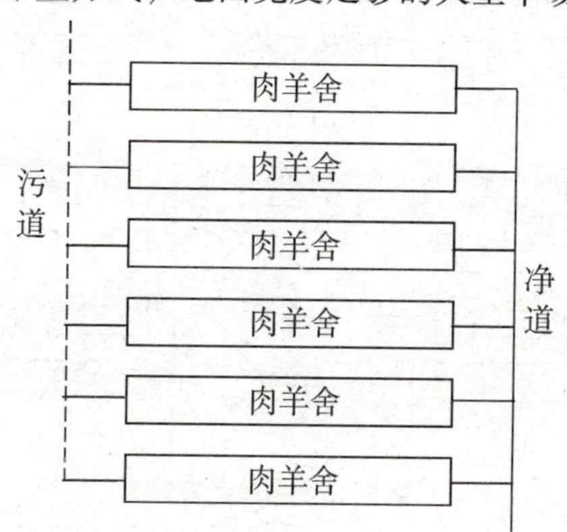

图3.9　单列式羊舍

2. 双列式　双列式布置是羊场最经常使用的布置方式（图3.10），其优点是既能保证场区净污道路分流明确，又能缩短道路和工程管线的长度。

3. 多列式　多列式布置在一些大型羊场使用（图3.11），此种

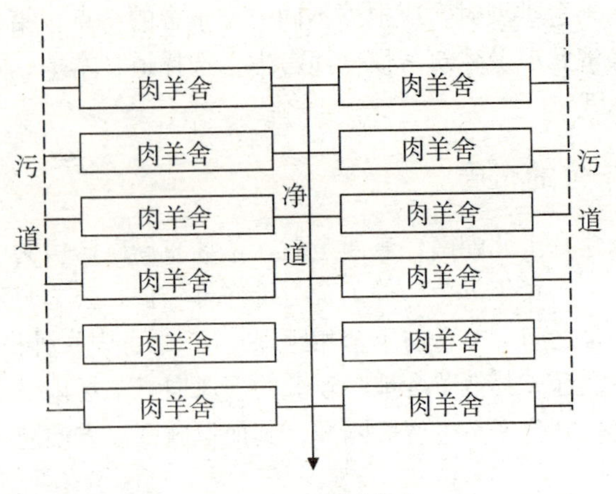

图 3.10 双列式羊舍

布置方式应重点解决场区道路的净污分道，避免因线路交叉而引起互相污染。

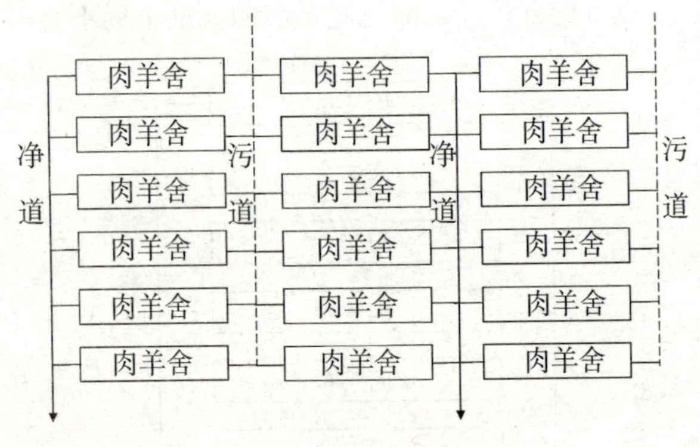

图 3.11 多列式羊舍

（二）羊舍朝向

羊舍朝向的选择与当地的地理纬度、地段环境、局部气候特征及建筑用地条件等因素有关。适宜的朝向，一方面可以合理地利用太阳辐射能，避免夏季过多的热量进入舍内，而冬季则最大限度地允许太阳辐射能进入舍内以提高舍温；另一方面可以合理利用主导风向，改善通风条件，以获得良好的羊舍环境。

羊舍要充分利用场区原有的地形、地势，在保证建筑物具有合理的朝向，满足采光、通风要求的前提下，尽量使建筑物长轴沿场区等高线布置，以最大限度减少土石方工程量和基础工程费用。生产区羊舍朝向一般应以其长轴南向，或南偏东或偏西 40°以内为宜。

四、羊舍基本构造

羊舍的基本构造包括基础、地基、地面、墙、门窗、屋顶和运动场。

（一）基础和地基

1. 基础　是羊舍地面以下承受羊舍的各种负载，并将其传递给地基的构件。基础应具备坚固、耐久、防潮、防震、抗冻和抗机械作用能力。在北方通常用毛石做基础，埋在冻土层以下，埋深厚度30～40 厘米，防潮层应设在地面以下 60 毫米处。

2. 地基　是基础下面承受负载的土层，有天然、人工地基之分。天然地基的土层应具备一定的厚度和足够的承重能力，沙砾、碎石及不易受地下水冲刷的沙质土层是良好的天然地基。

（二）地面

地面是羊躺卧休息、排泄和生产的地方，是羊舍建筑中重要组成部分，对羊只的健康有直接的影响。通常情况下羊舍地面要高出舍外地面 20 厘米以上。由于中国南方和北方气候差异很大，地面的选材必须因地制宜就地取材。羊舍地面有以下几种类型：

1. 土质地面　属于暖地面（软地面）类型。土质地面柔软，富有弹性也不光滑，易于保温，造价低廉。缺点是不够坚固，容易出现小坑，不便于清扫消毒，易形成潮湿的环境。只能在干燥地区采用。用土质地面时，可混入石灰增强黄土的黏固性，粉状石灰和松散的粉土按 3∶7 或 4∶6 的体积比加适量水拌和而成灰土地面。也可用石灰∶黏土∶碎石、碎砖或矿渣按 1∶2∶4 或 1∶3∶6 拌制成三合土。一般石灰用量为石灰土总重的 6%～12%，石灰含量越大，强度和耐水性越高。

2. 砖砌地面　属于冷地面（硬地面）类型。因砖的孔隙较多，导热性小，具有一定的保温性能。成年母羊舍中，粪尿相混的污水较多，容易造成不良环境，又由于砖砌地面易吸收大量水分，破坏其本身的导热性，地面易变冷变硬。砖地吸水后，经冻易破碎，加上本身易磨损的特点，容易形成坑穴，不便于清扫消毒。所以用砖砌地面时，砖宜立砌，不宜平铺。

3. 水泥地面　属于硬地面。其优点是结实、不透水、便于清扫和消毒。缺点是造价高，地面太硬，导热性强，保温性差。为防止地面湿滑，可将表面做成麻面。水泥地面的羊舍内最好设木床，供羊休息、宿卧。

4. 漏缝地板　漏缝地面能给羊提供干燥的卧地，集约化羊场和种羊场可用漏缝地板。国外典型漏缝地面羊舍，为封闭双坡式，跨度为6.0米，地面漏缝木条宽50毫米，厚25毫米，缝隙22毫米。双列食槽通道宽50厘米，可为产羔母羊提供相当适宜的环境条件。中国有的地区采用活动的漏缝木条地面，以便于清扫粪便，其木条宽32毫米、厚36毫米，缝隙宽15毫米；或者用厚38毫米、宽60~80毫米的水泥条筑成，间距为15~20毫米（图3.12）。漏缝或镀锌钢丝网眼应小于羊蹄面积，以便于清除羊粪而羊蹄不至于掉下为宜。漏缝地板羊舍需配以污水处理设备，造价较高，已被国外大型羊场和中国南方一些羊场普遍采用。这类羊舍为了防潮，可隔日抛撒木屑，同时应及时清理粪便，以免污染舍内空气。

在南方天气较热、潮湿地区，采用吊楼式羊舍；羊舍高出地面1~2米，吊楼上为羊舍，下为承粪斜坡，后与粪池相接，楼面为木条漏缝地面。这种羊舍的特点是离地面有一定高度，防潮，通风透气性好，结构简单。通常情况下饲料间、人工授精室、产羔室可用水泥或砖铺地面，以便消毒。

5. 自动清粪地面装置　全自动清粪羊舍改变了传统的人工清粪模式，羊舍既卫生、有利于羊的健康，又节约了劳动力，减少了生产成本。全自动清粪羊舍是现代标准化羊养殖的典范（图3.13）。

图 3. 12 水泥漏缝地板

图 3. 13 羊舍自动清粪地面装置

（三）墙

墙是基础以上露出地面将羊舍与外部隔开的外围结构，对羊舍保温起着重要作用。我国多采用土墙、砖墙和石墙等。土墙造价低，导热小，保温好，但易湿不易消毒，小规模简易羊舍可采用。砖墙是最常用的一种，其厚度有半砖墙、一砖墙、一砖半墙等，墙越厚保暖性能越强。石墙坚固耐久，但导热性大，寒冷地区效果差。国外采用金属铝板、胶合板、玻璃纤维材料建成保温隔热墙，效果很好。

墙要坚固保暖。在北方墙厚为 24 ~ 37 厘米，单坡式羊舍后墙高度约 1. 8 米，前高 2. 2 米。南方羊舍可适当提高高度，以利于防潮防暑。一般农户饲养量较少时，圈舍高度可略低些，但不得低于 2. 0 米。地面应高出舍外地面 20 ~ 30 厘米，铺成微斜面以利排水。

墙壁根据经济条件决定用料，全部砖木结构或土木结构均可。无论采用哪种结构，都要坚固耐用。潮湿和多雨地区墙基和边角用石头或砖垒一定高度，上面用土坯或打土墙建成。木头紧缺地区也可用砖建拱顶羊舍，既经济又实用。

（四）门窗

羊舍门窗的设置既要有利于舍内通风干燥，又要保证舍内有足够的光照，要使舍内硫化氢、氨气、二氧化碳等气体尽快排出，同时地面还要便于积粪出圈。羊舍窗户的面积一般占地面面积的 1/15，距地面的高度一般在 1. 5 米以上，门宽度为 2. 5 ~ 3 米；羊群小时宽度为 2 ~ 2. 5 米，高度为 2 米。运动场与羊床连接的小门，宽度为 0. 5 ~

0.8 米，高度为 1.2 米。

（五）屋顶

屋顶具有防雨水和保温隔热的作用。要求选用隔热保温性好的材料，并有一定厚度，结构简单，经久耐用，保温隔热性能良好，防雨、防火，便于清扫消毒。其材料有陶瓦、石棉瓦、木板、塑料薄膜、稻（麦）草、油毡等，也可采用彩色钢板和聚苯乙烯夹心板等新型材料。在寒冷地区可加天棚，其上可贮冬草，能增强羊舍保温性能。棚式羊舍多用木椽、芦席，半封闭式羊舍屋顶多用水泥板或木椽、油毡等。羊舍净高（地面至天棚的高度）2.0～2.4 米。在寒冷地区可适当降低净高。羊舍屋顶形式有单坡式、双坡式等，其中以双坡式最为常见。单坡式羊舍，一般前高 2.2～2.5 米，后高 1.7～2.0 米，屋顶斜面成 45°。

（六）运动场

运动场是舍饲或半舍饲规模羊场必需的基础设施（图 3.14）。一般运动场面积应为羊舍面积的 2～2.5 倍，成年羊运动场面积可按 4 米²/只计算。其位置排列根据羊舍建筑的位置和大小可位于羊舍的侧面或背面，但规模较大的羊舍宜建在羊舍的两个背面，低于羊舍地面 60 厘米以下，地面以沙质土壤为宜，也可采用三合土或者砖地面，便于排水和保持干燥。运动场周边可用木板、木棒、竹子、石板、砖等做围栏，高 2.0～2.5 米。中间可隔成多个小运动场，便于分群管理。运动场地面可用砖、水泥、石板和沙质土壤，不得高于羊舍地面，周边应有排水沟，保持干燥和便于清扫。并有遮阳棚或者绿植，以抵挡夏季烈日。

图 3.14　羊舍的运动场

第四节　羊场基础设施建设

肉羊场基础设施的建设必须能够适应集约化、程序化肉羊生产工艺流程的需要和要求，整体规划经济合理，尽量避免追求豪华，应注重方便、实用，建筑需考虑取材方便、材料和用工的成本等问题；但对必需的设施一定得建，还要便于生产管理，节省财力、物力和人力，尽可能达到高产、优质和高效等目的。尽量为羊只提供一个较适宜的生产环境，使之尽可能避免不良气候等因素的影响。

一、肉羊场基础设施的建设原则

场址选定之后，就要根据羊场的近期和长远规划，场内地形、水源、主要风向等自然条件，合理安排场内的全部建筑物，做到土地利用经济、联系方便、布局整齐紧凑，尽量缩短供应距离。羊场的建设应采取节约、高效的原则，按彼此间的功能联系统筹安排，做到配置少而紧凑，达到卫生、安全的生产要求；以最短的运输、供电、供水线路，便于流水线作业，实现生产过程的专业化和有序性。

（一）因地制宜

因地制宜是指羊场的规划、设计及建筑物的营造绝对不可简单模仿，应根据当地的气候、场址的形状、地形地貌、小气候、土质及周边实际情况进行规划和设计。例如平地建场，必须搭棚盖房。而在沟壑地带建场，挖洞筑窑作为羊舍及用房将更加经济适用。

（二）适用经济

适用经济是指建场修圈不仅能够适应集约化、程序化肉羊生产工艺流程的需要和要求，而且投资还要少。也就是说，该建的一定要建，并且必须建好，与生产无关的绝对不建，绝不追求豪华。因为肉羊生产毕竟是一种低附加值的产业，任何原因造成的生产经营成本的增加，要以微薄的盈利来补偿都是不易的。

（三）急需先建、逐步完善

急需先建、逐步完善是指羊场的选址、规划、设计全都搞好以后，一般不可从一开始就全面开花，等把全部场舍都建设齐全以后再开始养羊。相反，应当根据经济能力办事，先根据达到能够盈利规模的需要进行建设，并使羊群尽快达到这一规模。

由于一个羊场，特别是大型羊场，基本设施的建设一般都是分期分批进行的，像母羊舍、配种室、怀孕母羊舍、产房、带仔母羊舍、种公羊舍、隔离羊舍、兽医室等设计、要求、功能各不相同的设施，绝对不可一下都修建齐全以后才开始养羊。在这种情况下，为使功用问题不至于影响生产，若为复合式经营，可先建一些功能比较齐全的带仔母羊舍以替代别的羊舍之用。至于办公用房、产房、配种室、种公羊舍，可在某栋带仔母羊舍某一适当的位置留出一定的间数，以备生产之急需。等别的专用羊舍、建筑建好腾出来以后，再把这些临时占用的带仔母羊舍逐渐恢复起来，用于饲养带仔母羊。

二、防护设施

防护设施包括防止场外人员及其他动物进入场区的围墙、隔离场区与外界环境（防疫）的隔离带、场门、各生产区之间的隔离带和出入口。

（一）主要隔离设施

没有良好的隔离消毒设施就难以保证有效的隔离和卫生，设置隔离消毒设施会加大投入，但减少疾病发生带来的收益将是长期的，要远远超过投入。隔离消毒设施主要如下。

1. 隔离墙（或防疫沟） 肉羊场场区应以围墙和防疫沟与外界隔离，周围设绿化隔离带。围墙距一般建筑物的间距不应小于3.5米，围墙距肉羊舍的间距不应小于6米。规模较大的肉羊场，四周应建较高的围墙（2.5～3米）或较深的防疫沟（1.5～2.0米），以防止场外人员及其他动物进入场区。为了更有效地切断外界的污染因素，必要时可往沟内放水。但这种防疫沟造价较高，也很费工。靠墙绿化隔离带宽度一般不应小于1米，绿植高度不应低于1米，否则起不到应有的隔离作用。应该指出，用刺网隔离是不能达到安全目的的，最好采用密封墙，以防止野生动物侵入。

2. 消毒池和消毒室　养殖场大门处设置消毒池和消毒室（或淋浴消毒室），供进入人员、设备和用具的消毒（图 3.15）。生产区中每栋建筑物门前都要有消毒池（图 3.16）。

图 3.15　场区门口消毒池

图 3.16　生产区门口消毒室

在肉羊场大门及各区域、肉羊舍的入口处，应设相应的消毒设施。场区大门口可设置长 4 米、宽 3 米、深 0.2 米的车辆消毒池；工作人员进入场区时要通过 S 形消毒通道，消毒通道内装设紫外线杀菌灯，消毒 3～5 分钟。地面上设置脚踏消毒槽或消毒湿垫，用氢氧化钠溶液消毒。消毒通道末端设置喷雾消毒室、更衣换鞋间等。对肉羊场的一切卫生防护设施必须建立严格的检查制度，予以保证，否则会流于形式。

生产区与生活管理区和辅助生产区应设置围墙或树篱严格分开，树篱带的宽度一般在 5 米左右。在生产区入口处设置第二次更衣消毒室和车辆消毒设施。工作人员从管理区进入生产区时要通过更衣消毒室，运送饲料车辆进入生产区时要经过车辆消毒池。车辆消毒池长 3～3.5 米、宽 2～2.5 米、深 0.2 米，内装氢氧化钠溶液消毒剂。这些设施一端的出入口开在生活管理区内，另一端的出入口开在生产区内。在场内各区域间，设较小的防疫沟或围墙，或结合绿化培植隔离林带。有防疫沟时，一般 1 米深、1.5～2 米宽；设置绿化隔离带时，绿化隔离带宽最小为 1 米，绿植高度最小为 1 米；有围墙时，围墙高在 1.5～2.0 米，并应使它们之间留有足够的卫生防疫距离（100～200 米）。

3. 水井或水塔 有条件的养殖场要自建水井或水塔，用管道接送到畜禽舍。

4. 设置封闭性饲料库和饲料塔 封闭性饲料库设在生活区、生产区交界处，两面开门，墙上部有小通风窗。垫料直接卸到库内，使用时从内侧取出即可；垫料强调用木屑，吸湿性好，又减少与外界感染的机会。场内最好设置中心料塔和分料塔，中心料塔在生活区、生产区交界处；分料塔在各栋畜禽舍旁边。料罐车将直接把饲料打入中心塔，生产区内的料罐车再将中心塔的饲料转运到各分料塔（图3.17）。

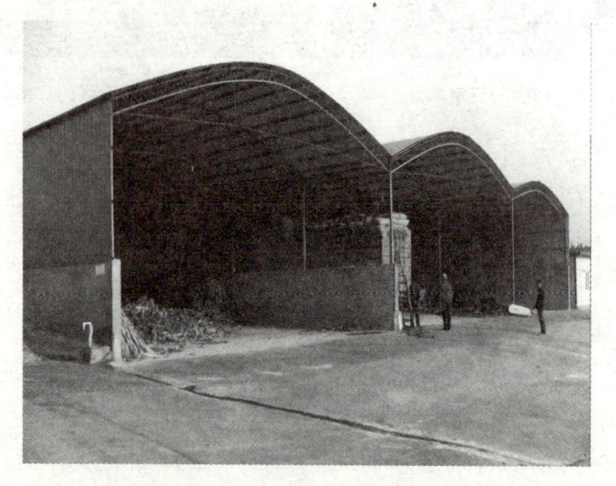

图3.17 饲料库及旁边的地磅

5. 设立卫生间 为减少人员之间的交叉活动、保证环境的卫生和为饲养员创造比较好的生活条件，在每个小区或者每栋畜舍都设有卫生间。每栋畜舍的工作间的一角建一个1.5～2米的冲水厕所，用隔断墙隔开。

（二）隔离制度

制定切实可行的卫生防疫制度，使养殖场的每个员工心中有数，严格按照制度进行操作，保证卫生防疫和消毒工作落到实处，不走过场。卫生防疫制度主要包括如下内容。

（1）养殖场生产区和生活区分开，入口处设消毒池，设置专门的隔离室和兽医室。养殖场周围要有防疫墙或防疫沟，只设置一个大门入口控制人员和车辆物品进入。设置人员消毒室，人员消毒室设置淋浴装置、熏蒸衣柜和场区工作服。

（2）进入生产区的人员必须淋浴，换上清洁消毒好的工作衣帽和靴后方可入内，工作服不准穿出生产区，并定期更换、清洗和消毒；进入的设备、用具和车辆也要消毒，消毒池的药液2～3天更换一次。

（3）生产区不准养猫、养狗，职工不得将宠物带入场内。

（4）对于死亡羊只的检查，包括剖检等工作，必须在兽医诊疗室内进行，或在距离水源较远的地方检查，不准在兽医诊疗室以外的地方解剖尸体。剖检后的尸体以及死亡的羊只尸体应深埋或焚烧。在兽医诊疗室解剖尸体要做好隔离消毒。

（5）坚持自繁自养的原则。若确实需要引种，引种后必须隔离45天，确认无病并接种疫苗后方可调入生产区。

（6）做好畜舍和场区的环境卫生工作，定期进行清洁消毒。长年定期灭鼠，及时消灭蚊蝇，以防疾病传播。

（7）当某种疾病在本地区或本场流行时，要及时采取相应的防治措施，并按规定上报主管部门，采取隔离、封锁措施。做好发病时羊只的隔离、检疫和治疗工作，控制疫病范围，做好病后的净群消毒等工作。

（8）本场外出的人员和车辆必须经过全面消毒后方可回场。运送饲料的包装袋，回收后必须经过消毒方可再利用，以防止污染饲料。

（9）做好疫病的接种免疫工作。卫生防疫制度应该涵盖较多方面工作，如隔离卫生工作、消毒工作和免疫接种工作，所以制定的卫生防疫制度要根据本场的实际情况尽可能地全面、系统，容易执行和操作，做好管理和监督，保证一丝不苟地贯彻落实。

三、道路建设

场区道路要求在各种气候条件下能保证通车，防止扬尘。肉羊场道路包括与外部联系的场外主干道和场区内部道路。场外主干道担负着全场的货物、产品和人员的运输，其路面宽度为6.0~7.0米，应能保证两辆中型运输车辆的顺利错车。场内道路的功能不仅是运输，同时也具有卫生防疫作用，因此道路规划设计要满足分流与分工、联系简捷、路面质量、路面宽度、绿化防疫等要求。

1. 道路分类 按功能分为人员出入、运输饲料用的清洁道（净道）和运输粪污、病死羊的污物道（污道），有些场还设供羊转群和装车外运的专用通道。按道路担负的作用分为主要道路和次要道路。

2. 道路设计标准 净道一般是场区的主干道，路面最小宽度3.5~6.0米，要保证饲料运输车辆的通行，宜用水泥混凝土路面，也可选用整齐石块或条石路面，路面横坡1.0%~1.5%，纵坡0.3%~8.0%。污道宽3.0~3.5米，路面宜用水泥混凝土路面，也可用碎石、砾石、石灰渣土路面，路面横坡为2.0%~4.0%，纵坡0.3%~8.0%。与肉羊舍、饲料库、产品库、兽医建筑物、贮粪场等连接的次要干道，宽度一般为2.0~3.5米。

3. 道路规划设计要求 首先要求净污分开与分流明确，尽可能互不交叉，兽医建筑物须有单独的道路；其次要求路线简捷，以保证牧场各生产环节最方便的联系；再次路面质量好，要求坚实、排水良好，以沙石路面和混凝土路面为佳，保证晴雨通车和防尘；最后道路的设置应不妨碍场内排水，路两侧也应有排水沟、绿化。道路一般与建筑物长轴平行或垂直布置，在无出入口时，道路与建筑物外墙应保持1.5米的最小距离；有出入口处为3.0米。

四、给排水管道建设

1. 给水工程

（1）给水系统：由取水、净水、输配水三部分组成，包括水源、水处理设施与设备、输水管道、配水管道。大部分肉羊场的建设位置均远离城镇，不能利用城镇给水系统，所以都需要独立的水源，一般是自己打井和建设水泵房、水处理车间、水塔、输配水管道等。

（2）用水量估算：肉羊场用水包括生活用水、生产用水及消防和灌溉等其他用水。

①生活用水：指平均每一职工每日所消耗的水，包括饮用、洗衣、洗澡及卫生用水，其水质要求较高，要满足人的各项标准。用水量因生活水平、卫生设备、季节与气候等而不同，一般可按每人每天40～60升计算。

②生产用水：包括畜禽饮用、饲料调制、畜体清洁、饲槽与用具刷洗、肉羊舍清扫等所消耗的水。圈养状态下每头成年绵羊每日需水量为10升，羔羊为3升。放牧状态下平均每只羊的日耗水量为3～8升。肉羊圈舍很少用高压水冲洗粪便，一般都是干清粪，耗水量很少。

③其他用水：其他用水包括消防、绿地灌溉、不可预见等用水。消防用水是一种突发用水，可利用肉羊场内外的江河湖塘等水面，也可停止其他用水，保证消防。绿地灌溉用水可以利用经过处理后的污水，在管道计算时也可不考虑。不可预见用水包括给水系统损失、新建项目用水等，可按总用水量的10%～15%考虑。

④总水量估算：总用水量为上述用水量总和，但用水量并非是均衡的，在每个季度、每天的各个时间内都有变化。夏季用水量远比冬季多；上班后清洁肉羊舍与畜体时用水量骤增，夜间用水量很少。因此，为了充分地保证用水，在计算肉羊场用水量及设计给水设施时，必须按单位时间内最大用水量来计算。

（3）水质标准：水质标准中目前尚无畜用标准，可以按生活饮用水卫生标准（GB 5749—2006）执行。

（4）管网布置：因规模较小，肉羊场管网布置可以采用树枝状管网。干管布置方向应与给水的主要方向一致，以最短距离向用水量最大的肉羊舍供水；管线长度尽量短，减少造价；管线布置时充分利用地形，利用重力自流；管网尽量沿道路布置。

2. 排水工程

（1）排水系统：排水系统应由排水管网、污水处理站、出水口组成（图3.18）。肉羊场的粪污量大极容易对周边环境造成污染，因此肉羊场的粪污无害化处理与资源化利用是一项关系着全场经济和社会、生态效益的关键工程，粪污处理与利用另有专项工程论述，在此的排水工程仅指排水量的估算、排水方式的选择与排水管网的布置。

图 3.18 排水系统

（2）排水分类：包括雨雪水、生活污水、生产污水（家畜粪污和清洗废水）。

（3）排水量估算：雨水量估算根据当地降水强度、汇水面积、径流系数计算，具体参见城乡规划中的排水工程估算法。肉羊场的生活污水主要来自职工的食堂和浴厕，其流量不大，一般不需计算，管道可采用最小管径 150～200 毫米。肉羊场最大的污水量是生产过程中的生产污水，生产污水量因饲养羊的种类、饲养工艺与模式、生产管理水平、地区气候条件等差异而不同；其估算是以在不同饲养工艺模式下，单位规模的羊饲养量在一个生长生产周期内所产生的各种生产污水量为基础定额，乘以饲养规模和生产批数，再考虑地区气候因素加以调整。

（4）排水方式选择：肉羊场排水方式分为分流与合流两种。肉羊场的粪污需要专门的设施、设备与工艺来处理与利用，投资大、负担重，因此应尽量减少粪污产生与排放。在源头上主要采用干清粪等工艺，而在排放过程中应采用分流排放方式，即雨水和生产、生活污水分别采用两个独立系统。生产与生活污水采用暗埋管渠，将污水集中排到场区的粪污处理站；专设雨水排水管渠，不要将雨水排入需要专门处理的粪污系统中。

（5）排水管渠布置：场区实行雨污分流的原则，对场区自然降水可采用有组织的排水。对场区污水应采用暗管排放，集中处理，符合 GB18596 的规定。

场内排水系统，多设置在各种道路的两旁及家畜运动场的周边。采用斜坡式排水管沟，以尽量减少污物积存及被人畜损坏。为了整个场区的环境卫生和防疫需要，生产污水一般采用暗埋管沟排放。暗埋管沟排水系统如果超过 200 米，中间应增设沉淀井，以免污物淤塞，影响排水。沉淀井不应设在运动场中或交通频繁的干道附近。沉淀井与供水水源至少应有 200 米以上的间距。暗埋管沟应埋在冻土层以下，以免因受冻而阻塞。雨水中也有些场地中的零星粪污，有条件的也宜采用暗埋管沟，如采用方形明沟，其最深处不应超过 30 厘米，沟底应有 1% ~2% 的坡度，上口宽 30 ~60 厘米。

给水和排水管道施工主要是按照设计要求，把图纸的设计意图在场区实地上表现出来，这就要求在施工前先对场区进行测量，然后进行排水明沟的开挖及排水暗沟渠的建设。同时进行建设的还有与之相关的附属构筑物。

五、绿化

搞好肉羊场绿化，不仅可以调节小气候、减弱噪声、净化空气，起到防疫和防火等作用，而且可以美化环境。绿化应根据本地区气候、土壤和环境功能等条件，选择适合当地生长的、对人畜无害的花草树木进行场区绿化。

场区绿化率应不低于 30%。绿化的主要地段是：生活管理区（应具有观赏和美化效果）、场内卫生防疫隔离用地及粪便污水处理设施周围（应布置绿化隔离带）、场区全年主风向的上风侧、围墙一侧或两侧（应种植防风林带）、围墙的其他部分（种植绿化隔离带）。

树木与建筑物外墙、围墙、道路边缘及排水明沟边缘的最小距离不应小于 1 米。

1. 绿化带　（防疫、隔离、景观）周边种植乔木和灌木混合林带，特别是场界的北、西侧，应加宽这种混合林带（宽度达 10 米以上，一般至少应种 5 行），以起到防风阻沙的作用。场区隔离林带主要用以分隔场内各区及防火，如在生产区、住宅及生产管理区的四周都应有这种隔离林带。中间种乔木，两侧种灌木（种植 2 ~3 行，总宽度为 3 ~5 米）。

2. 绿化 内外道路两旁，一般种 1 ~2 行树冠整齐的乔木或亚乔木，在靠近建筑物的采光地段，不应种植枝叶过密、过于高大的树种，以免影响肉羊舍的自然采光。最好采用常青树种。

3. 运动场遮阴林 运动场的南及西侧，应设 1 ~2 行遮阴林。一般可选枝叶开阔、生长势强、冬季落叶后枝条稀少的树种，如北京杨、加拿大杨、辽杨、槐、枫等。也可利用爬墙虎或葡萄树来达到同样目的。运动场内种植遮阴树时，可选用枝条开阔的果树类，以增加遮阴、观赏及经济价值，但必须采取保护措施，以防羊损坏。

六、粪污处理

设计或运行一个畜禽场粪污处理系统，必须对粪便的性质，粪便的收集、转移、贮存及施肥等方面的问题加以全面的分析研究。规划时，应视不同地区的气象条件及土壤类型、管理水平等进行不同的设计，以便使粪污处理工程能发挥最佳的工作效果。图 3. 19 为堆粪棚。

图 3. 19 堆粪棚

1. 粪污处理量的估算　粪污处理工程除了满足处理羊每日粪便排泄量外，还需将全场的污水排放量一并加以考虑。肉羊大致的粪尿排泄量见表3.3。按照目前城镇居民污水排放量一般与用水量一致的计算方法，肉羊场污水量估算也可按此法进行。

表3.3　肉羊粪尿排泄量（原始量）

饲养期（天）	每只日排泄量（千克）			每只饲养期排泄量（吨）		
	粪量	尿量	合计	粪量	尿量	合计
365	2.0	0.66	2.66	0.73	0.24	0.97

2. 粪污处理工程规划的内容　处理工程设施是现代集约化肉羊场建设必不可少的项目，从建场伊始就要统筹考虑。其规划设计依据是粪污处理与综合利用工艺设计，其前项工程的联系是肉羊场的排水工程，一般应综合考虑。粪污处理工程设施因处理工艺、投资、环境要求的不同而差异较大，实际工作中应根据环境要求、投资额度、地理与气候条件等因素先进行工艺设计。

一般粪污处理工程规划的主要内容应包括：粪污收集（清粪）、粪污运输（管道和车辆）、粪污处理场的选址及其占地规模的确定、处理场的平面布局、粪污处理设备选型与配套、粪污处理工程构筑物（池、坑、塘、井、泵站等）的形式与建设规模。规划原则是：首先考虑其作为农田肥料的原料；充分考虑劳动力资源丰富的国情，不要一味追求全部机械化；选址时避免对周围环境的污染。还要充分考虑肉羊场所处的地理与气候条件，如严寒地区的堆粪时间长，场地要较大，且收集设施与输送管道要防冻。

七、采暖工程

1. 基本要求　肉羊场的采暖工程要保证肉羊生产需要和工作人员的办公和生活需要，以及羊群从出生到成年不同生长发育阶段的供暖保证。

2. 采暖系统　采暖系统分为集中供暖系统、分散供暖系统和局部供暖系统。集中供暖系统一般以热水为热媒，由锅炉房、热水输送管道、散热设备组成，全场形成一个完整的供暖系统。分散供暖系统是指每个需要采暖的建筑或设施自行设置供暖设备，如热风炉、空气加热器和暖风机。集中供暖能保证全场供暖均衡、安全和方便管理，但一次性投资太大，适于大型肉羊场。分散供暖系统投资较小，可以与冬季肉羊舍通风相结合，便于调节和自动控制；缺点是采暖系统停止工作后余热小，使室温下降较快，中小型肉羊场可采用。

3. 采暖负荷　工作人员的办公与生活空间采暖与普通民用建筑采暖相同，由此可估算全场的采暖负荷。

八、电力电信工程

1. 基本要求　电力电信工程的基本要求是经济、方便、清洁。电力工程是肉羊场不可缺少的基础设施，同时随着经济和技术的发展，信息在经济与社会各领域中的作用越来越重要，电信工程也成为现代肉羊场的必需设施。电力与电信工程规划就是需要经济、安全、稳定、可靠的供配电系统和快捷、顺畅的通信系统，保证肉羊场正常生产运营和与外界市场的紧密联系。

2. 供电系统　肉羊场的供电系统由电源、输电线路、配电线路、用电设备构成。供电系统的规划主要内容包括用电负荷估算、电源与电压选择、变配电所的容量与设置、输配电线电路布置。

3. 用电量　肉羊场用电负荷包括办公、职工宿舍、食堂等辅助建筑和场区照明等，以及饲料加工、清粪、挤奶、给排水、粪污处理等生产用电。照明用电量根据各类建筑照明用电定额和建筑面积计算，用电定额与普通民用建筑相同；生活电器用电量根据电器设备额定容量之和，并考虑同时系数求得。生产用电根据生产中所使用的电力设备的额定容量之和，并考虑同时系数、需用系数求得。在规划初期可以根据已建的同类肉羊场的用电情况来类比估算。

4. 电源和电压及变配电所的设置　肉羊场应尽量利用周围已有的电源；若没有可利用的电源，需要远距离引入或自建。为了确保肉羊场的用电安全，一般场内还需要自备发电机，防止外界电源中断使肉羊场遭受巨大损失。肉羊场的使用电压一般为 220 伏/380 伏，变电所或变压器的位置应尽量居于用电负荷中心，最大服务半径要小于

500 米。

5. 电信工程　工程规划是根据生产与经营需要配置电话、电视和网络。

第四章　饲料营养与羊病防控

许多营养物质对羊正常的生长发育及生理功能是必需的，其中有少数几种对羊的生长发育及生理功能有直接的影响。临床上常见的营养导致的羊病有饲料数量不足、蛋白质缺乏、维生素缺乏和矿物质缺乏等。同时，营养过剩也会使羊的生育力下降，导致营养性不育等疾病的发生。另外，由于饲喂劣质饲料或羊只误食一些毒草，也会引起疫病的发生。通常营养物质摄入不足或营养失衡、过量或比例失调可以延迟初情期，降低排卵量和受胎率，引起胚胎或胎儿死亡，产后乏情期延长等。

第一节　羊的消化系统及生理特点

一、消化系统构成

羊的消化器官由口腔、食管、胃、小肠和大肠等组成。

（一）口腔和食管

羊嘴尖唇薄，上唇中央有一条纵沟，门齿锐利而稍向外倾斜，吃草时口唇和地面接近，有利于啃食低矮的牧草和灌木枝叶，并能拣食散落地面的农作物籽实和树叶。羊的舌前端较尖，舌面上有短而钝的乳头，舌尖光滑，可协助咀嚼和吞咽。

（二）胃

羊属于小反刍家畜，有四个胃。第一胃是瘤胃，在腹腔左侧，呈椭圆形，黏膜为棕黑色，表面有无数密集的乳头。第二胃是网胃，呈球形，内壁分割成很多网络如蜂巢状，又叫蜂巢胃。第三胃是瓣胃，内壁有纵列的褶膜。第四胃是皱胃，呈圆锥形，由胃壁的胃腺分泌胃液，主要是盐酸和胃蛋白酶，食物在胃液的作用下，进行化学性消化。前三个胃由于没有腺体组织，因此称前胃。第一、第二胃紧连在一起，其消化生理作用基本相似，除机械作用外，还具有广泛的微生物活动、分解消化食物作用；第三胃则具有对食物进行机械压榨的作用。

（三）小肠

小肠是羊消化吸收的主要器官，长度为17~34米，细长而曲折，与体长之比为（25~30）∶1。酸性的胃内容物进入小肠后，经各种消化液的化学性消化，被分解的各种营养物质在小肠下部被绒毛上皮吸收。未被消化的物质，经小肠的蠕动而被推入大肠。

（四）大肠

大肠直径比小肠大，长度比小肠短，为4~13米。大肠的主要功能是吸收水分、盐类、低级脂肪和形成粪便。凡小肠内消化未尽的营养物质，也可在大肠微生物和由小肠液带来的各种酶的作用下继续分解、消化和吸收，剩余残渣成为粪便，排出体外。

二、反刍功能特点

反刍是指草食动物在食物消化前将食团经瘤胃逆呕到口中，经再咀嚼和再咽下的活动。其包括逆呕、再咀嚼、再混合唾液和再吞咽四个过程。其机制是饲草刺激网胃、瘤胃前庭和食管沟的黏膜，引起反射性逆呕。反刍可对饲料进一步磨碎，同时使瘤胃保持极端厌氧、恒温（39~40℃）、pH值为5.5~7.5的环境，有利于瘤胃微生物生存、繁殖和进行消化活动。羊在短时间内能采食大量草料，经瘤胃浸软、混合和发酵，随即出现反刍活动。反刍时，先是将一个食团逆行送于口中，反复咀嚼70~80次后，与混合的唾液再吞咽于腹中，如此逐一进行。羊每天反复咀嚼食团数约500个。

正常情况下，在食入食物后40~70分钟，即出现第一次反刍周期。每次反刍平均持续40~60分钟，有时可达1.5~2小时。反刍次数的多少与饲料种类有密切的关系，即饲料中粗纤维含量愈高，反刍时间愈长。绵羊每天反刍的时间约为放牧采食时间（8~10小时）的3/4，为舍饲采食时间（3~4小时）的1.6倍。

当羊患病、过度疲劳或受外来强刺激时，都可引起反刍和瘤胃功能减弱或完全停止。反刍一旦停止，食物滞留在瘤胃内，往往由于发酵所产生的气体排不出去，而引起瘤胃膨胀。

三、瘤胃微生物的作用

瘤胃内存在大量的细菌和原虫，瘤胃每毫升内容物有细菌10^{10}~10^{11}个、原虫10^5~10^6个。瘤胃犹如一个“发酵罐”，温度约40℃，pH值在6~8，为微生物的繁殖创造了适宜的环境。瘤胃是一个复杂的生态系统，反刍家畜摄入大量的草料并将其转化为畜产品，主要靠这些微生物复杂的消化代谢过程。

（一）瘤胃微生物能分解粗纤维

依靠微生物产生的粗纤维水解酶，能将饲草中的粗纤维分解成容易消化的碳水化合物（羊能消化粗纤维的50%~80%），从而被羊体所利用，同时形成挥发性低级脂肪酸（VFA），如乙酸、丙酸和丁酸等。这些有机酸可以与尿素分解后产生的氨，通过微生物的作用合成氨基酸。此外，有机酸可以中和由尿素分解所产生的大量的氨，维持瘤胃内正常的酸碱度，不至于使羊发生氨中毒。

（二）利用植物性蛋白和非蛋白氮（NPN）

合成“酸体蛋白”饲料中低质量的植物性蛋白质，通过瘤胃微生物分泌酶的作用，被分解为肽、氨基酸和氨。饲料中的非蛋白氮，如酰胺、尿素等，也被分解为氨。这些分解产物，在瘤胃内能源供应充足和具有一定数量蛋白质的条件下，瘤胃微生物可将其合成微生物蛋白质，进入皱胃和小肠后被消化吸收。微生物蛋白质含有各种必需氨基酸，其比例合适，组成较稳定，生物学价值高，随食糜进入皱胃和小肠，作为蛋白质饲料被消化。

（三）瘤胃微生物可以合成维生素

维生素合成后，一部分在瘤胃中被吸收，其余在肠道中被吸收利用，能满足自身需要，不必另行补充。此外，瘤胃微生物还对脂类有氢化作用，可以将牧草中的不饱和脂肪酸转变成羊体的硬脂酸。同时瘤胃微生物亦能合成脂肪酸。

四、羔羊的消化功能特点

哺乳时期的羔羊，发挥作用的主要是第四胃，前三个胃的作用很小。因为这时瘤胃微生物的区系尚未形成，没有消化纤维的能力，不能采食和利用饲料。羔羊对淀粉的耐受量很低，小肠消化淀粉能力有限。所吃母乳直接进入真胃，由真胃所分泌的凝乳酶进行消化。因此，应喂给羔羊营养价值高、纤维素少、体积小、能量和蛋白质水平高、品质好、容易消化的饲料。单一吃奶的羔羊瘤胃和网胃发育处于不完善状态。随日龄的增长和采食植物性饲料的增加，前三胃体积逐渐增大，真胃凝乳酶的分泌逐渐减少，其他消化酶逐渐增多，对草料的消化分解能力开始加强，约在20日龄开始出现反刍活动。依据这一特点，在生后15日龄左右开始补饲优质干草和饲料，以刺激促进瘤胃的发育和微生物区系的形成，增强对植物性饲料的消化能力。在羔羊哺乳期，若在糟料中添加抗生素饲料25毫克（每羔每日），可提高羔羊体重11%，节省饲料10%，有益无害；但用来喂成年羊则有害无益。

五、羔羊的适应性特点

哺乳期羔羊各组织器官功能尚不健全，如出生1～2周的羔羊调节体温的技能发育不完善，神经反射迟钝，皮肤保护技能差，特别是消化道黏膜容易受细菌侵袭而发生消化道疾病。但哺乳期羔羊可塑性强，外部环境变化能引起机体相应的变化而发生变异，有利于羔羊的定向培育。

第二节　饲料原料种类、质量与羊病防控

一、羊饲料分类

羊饲料的种类很多，但任何一种饲料都存在营养上的特殊性和局限性，要饲养好肉羊必须进行多种饲料的科学搭配。要合理利用各种饲料，首先要了解饲料的科学分类，熟悉各类饲料的营养价值和利用特性。而分类方法各地也有所不同，为了便于养殖者的应用，将羊的饲料分为：青绿多汁饲料、粗饲料、能量饲料、蛋白质饲料、矿物质饲料和饲料添加剂六大类。

（一）青绿多汁饲料

青绿多汁饲料包括天然水分含量在45%以上的新鲜野生杂草、栽培牧草、青刈饲料、草地牧草、树叶类、蔬菜、水生植物，未完全成熟的谷物植株和非淀粉质的块根、块茎、瓜果类等，统称为青饲料。块根、块茎、瓜果类为多汁饲料，其他为青绿饲料。青绿多汁饲料的共同特点是养分比较丰富，适口性好，易于消化，饲料利用率高，生产成本低和单位面积营养物质产量高。缺点是水分含量高、干物质含量少、体积大。

（二）粗饲料

干粗饲料是指天然水分含量在45%以下，干物质中粗纤维含量在18%以上的一类饲料，包括青干草、农作物的秸秆、荚壳、各种干草、干树叶及其他农副产品。其特点是体积大、重量轻，养分浓度低，但蛋白质含量差异大，总能含量高，消化能低，维生素D含量丰富，其他维生素较少，含磷较少，粗纤维含量高，较难消化。

在粮食主产区，利用先进技术将农作物秸秆及加工副产品加工处理后，适口性和营养价值提高，是重要的粗饲料来源。通常，质地粗硬的秸秆或藤蔓可用揉草机揉软、切短后饲喂，或用粉碎机粉碎后拌精料制成微贮料。玉米秸、谷草、稻草、麦秸、豆秸及荚壳饲喂时最好经粉碎后与其他精料混合制成颗粒料饲喂。

（三）能量饲料

能量饲料是指饲料干物质中粗纤维含量低于18%，粗蛋白质含量小于20%，消化能含量在10.5兆焦/千克以上的一类饲料，包括谷实类、糠麸类等。这类饲料的基本特点是体积小、可消化养分含量高，但养分组成较偏，如籽实类能量价值较高，但蛋白质含量不高。含粗脂肪7.5%左右，且主要为不饱和脂肪酸。含钙不足，一般低于0.1%。含磷较多，可达0.3%～0.45%，但多为植酸盐，不易被消化吸收。另外，缺乏胡萝卜素，但B族维生素含量比较丰富。这类饲料适口性好，消化率高，在肉羊饲养中占有极其重要的地位。

（四）蛋白质饲料

蛋白质饲料是指干物质中粗纤维含量在18%以下，粗蛋白质含量在20%以上的一类饲料。它是肉羊日粮中蛋白质的主要来源，其在日粮中所占比例为10%～20%。包括植物性蛋白质饲料和单细胞蛋白质饲料。

（五）矿物质饲料

矿物质饲料包括食盐、石粉、石膏、硫酸钙、磷酸氢钠、磷酸氢钙、混合矿物质补充饲料等。加喂矿物质饲料是为了补充饲料中的钙、磷、钠和氯等的不足。这类饲料的补喂量一般占精料量的10%左右。

（六）饲料添加剂

饲料添加剂是指在配合饲料中加入的各种微量成分，其作用是完善饲料的营养成分，提高饲料的利用率，促进肉羊生长和预防疾病，减少饲料在贮存期间的营养损失，改善产品品质。常用的有补充饲料营养成分的添加剂，如氨基酸、矿物质和维生素；促进饲料的利用和保健作用的添加剂，如生长促进剂、驱虫剂和助消化剂等；防止饲料品质降低的添加剂，如抗氧化剂、防霉剂、黏结剂和增味剂等。

二、青干草的选择和加工

优质青干草色泽青绿、气味芳香，植株完整且含叶量高，泥沙少，无杂质，无霉烂和变质，水分含量在15%以下。青干草按五级进行质量评定。一级：枝叶鲜绿或深绿色，叶及花序损失小于5%，含水量15%～17%，有浓郁的干草香味；二级：枝叶绿色，叶及花序损失小于10%，含水量15%～17%，有香味；三级：叶色发黄，叶及花序损失小于15%，含水量15%～17%，有干草香味；四级：茎叶发黄或发白，叶及花序损失大于15%，含水量15%～17%，香味较淡；五级：发霉、有臭味，不能饲喂。

三、秸秆的选择和加工

羊瘤胃微生物可以消化利用秸秆中的粗纤维，但当秸秆木质化后，粗纤维被木质素包裹，不易被消化利用。因此，为了提高羊对农副产品的消化利用率，在不影响农作物产量和质量的前提下，尽量提早收获，并快速调制，减少木质化程度。

（一）秸秆类饲料的营养特性

秸秆类饲料的种类很多，常用的秸秆类饲料的营养特性如下。

1. 玉米秸 玉米秸以收获方式分为收获籽实后的黄玉米秸（或干玉米秸）和青刈玉米秸（籽实未成熟即行青刈）。青刈玉米秸的营养价值高于黄玉米秸，青嫩多汁，适口性好，胡萝卜素含量较多，为3～7毫克/千克。可青喂、青贮和晒制干草供冬春季饲喂。生长期短的春播玉米秸秆比生长期长的玉米秸秆的粗纤维含量少，易消化。同一株玉米，上部比下部的营养价值高，叶片头茎秆营养价值高，玉米秸秆的营养价值优于玉米芯。

2. 麦秸 麦秸的营养价值较低，粗纤维的含量较高，并有难以利用的硅酸盐和蜡质。羊单纯采食麦秸类饲料饲喂效果不佳，且易上火，有的羊口角溃疡，群众俗称“上火”。在麦秸饲料中燕麦秸、荞麦秸的营养价值较高，适口性也好，是羊的好饲草。

3. 谷草 谷草质地柔软厚实，营养丰富，可消化粗蛋白质、可消化总养分较麦秸、稻草高。在禾谷类饲草中，谷草主要的用途是制备干草，供冬、春季饲用，是品质最好的饲草。但对于羊来说并不是最好的饲草，长期饲喂谷草羊不上膘，有的还可能会消瘦，因为谷草属凉性饲草，羊吃了会掉膘。

4. 豆秸　豆秸是各类豆科作物收获了籽粒后的秸秆总称，包括大豆、黑豆、豌豆、蚕豆、豇豆、绿豆等的茎叶，它们都是豆科作物成熟后的副产品，叶子大部分都已凋落，即使有一部分叶子也已枯黄，茎也多木质化，质地坚硬，粗纤维的含量较高，但其中粗蛋白质的含量和消化率较高，经压扁，豆荚仍保留在豆秸上，这样豆秸的营养价值和利用率都得到提高。青刈的大豆秸叶的营养价值接近紫花苜蓿。在豆秸中蚕豆和豌豆秸粗蛋白质的含量较高，品质较好。

5. 花生藤、甘薯藤及其他蔓秧　花生藤和甘薯藤都是收获地下根茎后的地上茎叶部分，这部分藤类虽然产量不高，但茎叶柔软、适口性好，营养价值和采食利用率、消化率都较高。甘薯藤、花生藤干物质中的粗蛋白质的含量较高。

（二）使用注意事项

1. 用窖微贮　微贮饲料应高于窖口 40 厘米，盖上塑料薄膜，上盖约 40 厘米稻、麦秸秆后覆土 15～20 厘米，封闭。

2. 用塑料袋微贮　塑料袋厚度须达到 0.6～0.8 毫米，无破损，厚薄均匀，严禁使用装过有毒物品的塑料袋及聚氯乙烯塑料袋，每袋装 20～40 千克微贮料。开袋取料后须立即扎紧袋口，以防变质。

3. 饲喂　微贮饲料喂养羊须有一渐进过程，喂量逐渐增加。一般每只羊每天 1.5～2.5 千克为宜。

四、青贮饲料的利用

青贮饲料是指青绿多汁饲料在收获后，直接切碎，贮存于密封的青贮容器（窖、池）内，在厌氧环境中，通过乳酸菌的发酵作用而调制成能长期贮存的饲料（图 4.1、图 4.2）。

青贮饲料使用前一定要进行品质的鉴定，现场评定青贮品质主要从气味、颜色、酸碱度等三方面进行。

1. 取样　于青贮窖表层 25～30 厘米处，一般以四角和中央各一点，五点处共取青贮料约半烧杯。

2. 气味　立即鉴别样品的气味。良好的青贮料应具有酒味或酸香味。如果出现醋酸味，表示品质较差。劣质的青贮料有腐烂的粪臭味。

图 4.1　青贮池青贮玉米

图 4.2　塑料袋装青贮饲料

3. 颜色　优质的青贮料呈绿色。如果出现黄绿色或褐色，表示质量较差。劣质青贮料呈暗绿色或黑色（图 4.3）。

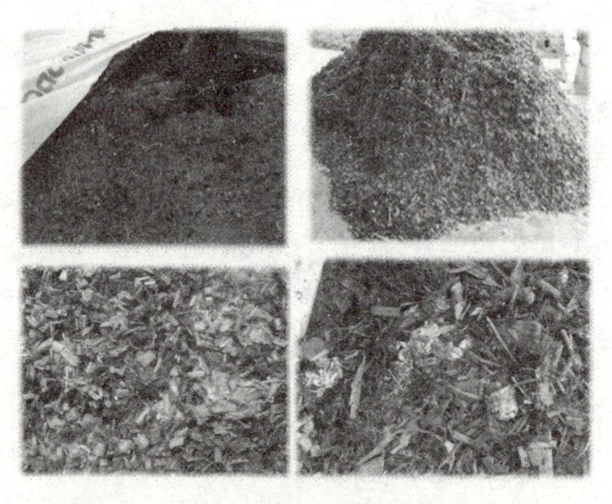

图 4.3　不同品质的青贮饲料

4. 酸碱度　可用广泛 pH 试纸等测定其 pH 值，pH 值 3.8 ~ 4.2 的为优质青贮料，pH 值 4.2 ~ 4.6 的较次。pH 值越高，质量越差。

第三节　羊的营养需求

羊从草料中获得的营养物质，包括碳水化合物、蛋白质、脂肪、矿物质、维生素和水。碳水化合物和脂肪主要为羊提供生存和生产所必需的能量；蛋白质是羊体生长和组织修复的主要原料，也提供部分能量；矿物质、维生素和水，在调节羊的生理功能、保障营养物质和代谢产物的传输方面，具有重要作用，其中钙、磷是组成牙齿和骨骼的主要成分。

一、维持时营养需求

维持需求是指在仅满足羊的基本生命活动（呼吸、消化、体液循环、体温调节等）的情况下，羊对各种营养物质的需要。羊的维持需要得不到满足，就会动用体内贮存的养分来弥补亏损，导致体重下降和体质衰弱等不良后果。只有当日粮中的能量和蛋白质等营养物质超出羊的维持需要时，羊才能维持一定水平的生产能力。干乳空怀的母羊和非配种季节的成年公羊，大都处于维持饲养状态，对营养水平要求不高。山羊的维持需要，与同体重的绵羊相似或略低。

1. 碳水化合物　碳水化合物是一类结构复杂的有机物，包括淀粉、糖类、半纤维素、纤维素和木质素等。碳水化合物是组成羊日粮的主体。依靠瘤胃微生物的发酵，将碳水化合物转化为挥发性脂肪酸，以满足羊对能量的需要，是羊对碳水化合物消化利用的特点。据报道，瘤胃中分解的淀粉和糖类可占总量的95%，只有少量可溶性碳水化合物进入后段消化道中。在高粗料日粮条件下，所产生的挥发性脂肪酸主要是乙酸；改喂高能低蛋白日粮时，乳酸的比例上升；而改喂高能高蛋白日粮时，丁酸的比例增加。后两种情况对羊都有不利的影响。

2. 蛋白质　蛋白质是由氨基酸组成的含氮化合物，是羊体组织生长和修复的重要原料。同时，羊体内的各种酶、内分泌、色素和抗体等大多是氨基酸的衍生物；离开了蛋白质，生命就无法维持。在维持饲养条件下，蛋白质的需要主要是满足组织新陈代谢和维持正常生理功能的需要。

3. 矿物质　羊即使处于完全饥饿的状态下，为维持正常的代谢活动，仍需消耗一定的矿物质。所以，在维持饲养时，必须保证一定水平的矿物质量。羊最易缺乏的矿物质是钙、磷和食盐。此外，还应补充必要的矿物质微量元素。

4. 维生素 羊在维持饲养时也要消耗一定的维生素，必须由饲料中补充，特别是维生素A和维生素D。在羊的冬季日粮中搭配一些胡萝卜或青贮饲料，能保证羊的维生素需要。

5. 水 为羊提供充足、卫生的饮水，是羊只保健的重要环节。

二、产毛时营养需求

羊毛是一种由18种氨基酸组成的角化蛋白质，富含含硫氨基酸，其胱氨酸的含量可占角蛋白总量的9%~14%。瘤胃微生物可利用饲料中的无机硫合成含硫氨基酸，以满足羊毛生长的需要，提高羊毛产量，改善羊毛品质。在羊日粮干物质中，氮、硫比例以保持（5~10）:1为宜。产毛的营养需要与维持、生长、肥育和繁殖等的营养需要相比，所占比例不大，并远低于产奶的营养需要。但是，当日粮的粗蛋白水平低于5.8%时，也不能满足产毛的最低需要。产毛的能量需要约为维持需要的10%。铜与羊的产毛关系密切，缺铜的羊除表现贫血、瘦弱和生长发育受阻外，羊毛弯曲变浅，被毛粗乱，直接影响羊毛的产量和品质。但应注意的是，绵羊对铜的耐受力非常有限，每千克饲料干物质中铜的含量达5~10毫克已能满足羊的各种需要；超过20毫克时有可能造成羊的铜中毒。维生素A对羊毛生长和羊的皮肤健康十分重要。夏秋季一般不易缺乏，而冬春季则应适当补充，其主要原因是牧草枯黄后，维生素A已基本被破坏，不能满足羊的需要。对以高粗料日粮或舍饲饲养为主的羊，应提供一定的青绿多汁饲料或青贮料，以弥补维生素的不足。

三、产奶时营养需求

产奶是母羊的重要生理功能。母羊的泌乳量直接影响羔羊的生长发育，同时也影响奶羊生产的经济效益。绵羊奶和山羊奶在营养成分含量、品质等方面有一定的差异。一般而言，山羊奶水分高、乳脂低、膻味较大，乳蛋白中酪蛋白含量稍高，奶酪制品稍粗糙，但山羊的产奶量较高，是发展奶羊生产的主体。羊奶中的酪蛋白、白蛋白、乳脂和乳糖等营养成分，都是饲料中不存在的，必须经过乳房合成。当饲料中碳水化合物和蛋白质供应不足时，会影响产奶量，缩短泌乳期。对于高产奶山羊，仅靠放牧或补喂干草不能满足产奶的营养需要，必须根据产奶量的高低，补喂一定数量的混合精料。据测定，每千克山羊奶含 0.46 千克饲料单位的净能、49 克可消化蛋白质、2.8 克钙和 2.2 克磷，此外还含有一定数量的矿物质微量元素和维生素。在奶山羊的补饲精料中，钙、磷的含量和比例对产奶量都有较明显的影响，较合理的钙、磷比例为（1.5～1.7）∶1。维生素 A、维生素 D 对奶山羊的产奶量有明显的影响，必须从日粮中补充，尤其在舍饲饲养时，给羊提供较充足的青绿多汁饲料，有促进产奶的作用。据观察，当母乳中缺乏维生素 D 时，羔羊对钙、磷的吸收和利用能力下降，有碍羔羊的生长和发育。

四、生长和肥育时营养需求

从性状度量的角度来讲，羊的生长和肥育都表现为增重和产肉量增加。但在羊的不同生理阶段，增重对营养物质的需要有很大的差异。

1. 生长的营养需要 羊从出生到 1.5 岁，肌肉、骨骼和各器官组织的发育较快，需要沉积大量的蛋白质和矿物质，尤其是初生至 8 月龄，是生长发育最快的阶段，对营养的需要量较高。羔羊在哺乳前期（0～8 周龄）主要依靠母乳来满足其营养需要，而后期（9～16 周龄）必须给羔羊单独补饲。哺乳期羔羊的生长发育非常快，每千克增重仅需母乳 5 千克左右。羔羊断奶后，日增重略低一些，在一定的补饲条件下，羔羊 8 月龄前的日增重可保持在 100～200 克。绵羊的日增重高于山羊。羊增重的可食成分主要是蛋白质（肌肉）和脂肪。在羊的不同生理阶段，蛋白质和脂肪的沉积量是不一样的，例如，体重为 10 千克时，蛋白质的沉积量可占增重的 35%；体重在 50～60 千克时，此比例下降为 10% 左右，脂肪沉积的比例明显上升。在羔羊的育成前期，增重速度快，每千克增重的饲料报酬高、成本低。育成后期（8 月龄以后）羊的生长发育仍未结束，对营养水平要求较高，日粮的粗蛋白水平应保持在 14% ~16% （日采食可消化蛋白质 135 ~160 克）。育成期以后（1.5 岁）羊体重的变化幅度不大，随季节、草料、妊娠和产羔等不同情况有一定的增减，并主要表现为体脂肪的沉积或消耗。

2. 肥育的营养需要　肥育的目的就是要增加羊肉和脂肪等可食部分，改善羊肉品质。羔羊的肥育以增加肌肉为主，而对成年羊主要是增加脂肪。因此，成年羊的肥育，对日粮蛋白质水平要求不高，只要能提供充足的能量饲料，就能取得较好的肥育效果。如中国北方牧区在羊只屠宰前（1.5 ~2 个月）采用。

第四节　羊营养代谢病的防控

一、碳水化合物

碳水化合物是动物日粮的主要成分，在发情前后如果日粮能量水平高，则可增加排卵率，对妊娠早期胚胎的生存有不良影响。为了提高繁殖性能，对产后期母羊应供应较高的能量，以避免失重过多，但摄入的能量应该是逐渐增加的，否则会引起肥胖。

二、蛋白质

蛋白质缺乏可以引起母羊初情期排卵延迟，空怀期增长，干物质摄入减少。此外，摄入足量的蛋白质对胎儿的生长发育也是必不可少的。对蛋白质的需要有二，一是需要容易利用的蛋白质以便为瘤胃微生物的生长和增殖提供必需的氮，二是动物机体需要由小肠消化的蛋白质提供营养。到达小肠的蛋白质的量和组成决定动物摄入蛋白质的能力。此外，饲喂高蛋白饲料而使瘤胃中氮的含量增高，会对胚胎产生毒害作用，还可能对生育力有其他不良影响。

三、维生素

羊日粮维生素的主要来源有三方面：从日粮中摄入；组织合成各

种维生素；瘤胃微生物合成几种主要的维生素。通常导致维生素缺乏的情况，一是由于饲料储存时间过长而使其中的维生素丧失殆尽；二是长期舍饲或长期处于应激状态，使其组织合成的维生素减少。羊只缺乏维生素时，会表现出不同的症状，如表4.1所示。

表4.1　维生素缺乏表现症状

维生素A（VA）	维生素A缺乏容易形成夜盲症。病羊表现畏光，视力减退，甚至完全失明 由于角膜增厚，结膜细胞萎缩，腺上皮功能减退，故不能保持眼结膜的湿润，而表现出眼干 在缺乏维生素A时，机体其他部分的上皮也会发生变化。例如消化道及呼吸道的黏膜上皮变性，分泌功能减低，引起骨骼发育不良，繁殖功能障碍，以及容易遭受传染病的侵害 另外，成年羊缺乏维生素A时，身体并不消瘦，故患有眼干燥症的羊体况可能仍然很好
维生素D（VD）	缺乏维生素D时会影响钙、磷代谢，食欲不振，体质虚弱，四肢强直，被毛粗糙，羔羊易患佝偻病，成年羊骨质疏松、关节变形，易患软骨病。获得维生素D最经济的办法是让羊多晒太阳。因羊的皮肤和被毛上含有7－脱氢胆固醇，经紫外线照射就能转化为维生素D_3而被机体吸收利用
维生素E（VE）	缺乏维生素E时，羔羊易患白肌病，公羊睾丸发育不良，精液品质差，母羊受胎率降低，流产或死胎。一般羔羊每千克日粮干物质中维生素E不应低于15～16国际单位，成年羊一般日粮所含维生素E可满足需要 谷实的胚和诱芽、嫩青绿饲料中含维生素E较多，加工过程中易被氧化破坏。维生素E的补充可作DL－α生育酚醋酸酯
维生素B_1（VB_1）	维生素B_1缺乏时，成年羊无明显表现症状，体温、呼吸正常，心跳缓慢，体重减轻，腹泻和排干粪球交替发生，粪球表面有一层黏液，常呈串珠状。病羔羊有明显的神经症状，主要为共济失调，步态不稳，有时转圈，无目的地乱撞，行走时摇摆，腹泻，厌食，脱水常发生强直性痉挛和惊厥，颈歪斜，并呈僵硬状
维生素B_2（VB_2）	缺乏维生素B_2时表现生长缓慢，食欲不振，易疲劳，皮炎，脱毛，腹泻，贫血，眼炎，蹄壳易龟裂变形
维生素B_3（VB_3）	维生素B_3，又称为泛酸。它在自然界分布较广泛，如在肝脏、卵黄、肉类、乳汁、酵母、谷物类（玉米除外）、青绿饲草等中含量较多。在羊瘤胃内微生物群也能合成，故自然发生泛酸缺乏症的很少

续表

维生素 B_5 (VB_5)	缺乏维生素 B_5 时表现脱毛，皮炎，拉稀，肾上腺皮质变性和因神经变性而出现运动障碍
维生素 B_6 (VB_6)	幼小动物缺乏维生素 B_6 时可使生长停滞，皮肤粗糙，应激性增加。可出现癫痫性痉挛
维生素 B_{12} (VB_{12})	缺乏维生素 B_{12} 时可使生长停滞，还可见到轻重不同的小红细胞性低色素性贫血，出现多染性红细胞和有核红细胞以及骨髓增生
维生素 C	机体维生素 C 缺乏时，会出现坏血症，此时，毛细血管细胞间质减少、变脆，通透性增加，皮下、肌肉、黏膜出血，骨和牙齿容易折断和脱落，创口溃烂不易愈合。一定程度上还可能降低生产性能

四、常量、微量元素

羊只常量、微量元素缺乏或过量时会表现不同的症状，如表 4.2 所示。

表 4.2　常量、微量元素缺乏与过量的表现症状

钙、磷	缺乏	会患佝偻病，成年羊会造成骨质疏松，甚至瘫痪。给妊娠后期和哺乳期母羊补喂钙、磷，对胎儿和羔羊的生长发育有利。病羊轻者主要表现为生长迟缓，异嗜；喜卧不活泼，卧地起立缓慢，往往出现跛行，行走步态摇摆，四肢负重困难。触诊关节有疼痛反应。病程稍长则关节肿大，以腕关节、关节、球关节较明显；长骨弯曲，四肢可以展开，形如青蛙。患病后期，病羔以腕关节着地爬行，躯体后部不能抬起；重症者卧地，呼吸和心跳加快
	过量	由于各种矿物质元素之间的相互拮抗作用，若摄入过多的钙、磷均会影响锌、镁、铜等其他矿物质元素的吸收和利用，从而引起代谢障碍或其他继发性功能的异常
钠、氯	缺乏	缺少钠、氯时容易导致生长减慢或失重，食欲减退，生产力下降，饲料利用力低等。另外，会降低肌肉、神经的兴奋性。唾液分泌食欲相对减少
	过量	过量容易发生食盐中毒现象。表现为腹泻、口渴、频尿、步态抽搐等症状。严重时可导致死亡
镁	缺乏	羊体内缺镁时，神经、肌肉兴奋性增高，发生痉挛、厌食、生长受阻等现象。动物采食的嫩青草中，镁吸收率较低，早春放牧且不补充镁时容易发生缺镁性痉挛，常称“青草性痉挛”。故早春放牧时应适当补充硫酸镁
	过量	过量也可使羊中毒，表现为昏睡、运动失调、食欲下降、生产力下降，甚至死亡

续表

硫	缺乏	缺乏时产毛量减少，羊毛强度和长度降低，可能会出现羊肠毒血症。动物利用纤维素的能力下降。食欲降低
钾	缺乏	常食草的动物一般不会缺钾，但酒糟、甜菜渣的钾含量十分有限，对于大量饲喂这类饲料的羊只将有可能发生缺钾症状
铁	缺乏	首先会引起缺铁性贫血或营养性贫血，表现为生长缓慢，昏睡，黏膜苍白，严重时甚至死亡。成年羊不易缺铁，因为代谢过程中的铁大部分可被重新吸收利用。但幼龄动物则不能再吸收利用，故羔羊容易缺铁
	过量	畜禽对过量的铁有一定的耐受性，但过多也会导致中毒现象，如腹泻、生长受阻
铜	缺乏	当机体缺铜时，会减少铁的利用，造成贫血、消瘦、骨质疏松、皮毛粗硬、毛品质下降等 一般饲料中含铜较多，但缺铜地区土壤生长的植物含铜量较低，容易引起铜缺乏症。可给予硫酸铜、氯化铜补充
	过量	生产中如果羊只采食了过量的铜易造成铜中毒，可产生严重的溶血症状。同时过量的铜被排出体外，也会造成环境污染。日粮中铜过量会引起中毒，尤其是羔羊，对过量铜耐受力较差
钴	缺乏	钴供应不足时会导致体内维生素 B_{12} 的缺乏，钴、铜、铁在体内主要参与造血功能。因此，体内缺钴也可导致贫血。缺钴地区可通过在放牧地施用钴肥间接满足羊只的需要
	过量	各种动物对钴都有耐受性，但体内钴含量过多会产生中毒现象。羊只表现为食欲降低、消瘦、贫血等
锰	缺乏	锰对羊的生长、繁殖和造血都有重要作用，严重缺锰时，羔羊生长缓慢，骨组织损伤，形成弯曲，骨折和繁殖困难。锰在青绿饲料、米糠、麸皮中含量丰富，谷实及块根、块茎中含量较低
锌	缺乏	锌是构成动物体内多种酶的重要成分，参与脱氧核糖核酸的代谢作用，能影响性腺活动和提高性激素活动。锌还可防止皮肤干裂和角质化。日粮中缺锌时，羔羊生长缓慢，皮肤不完全角化，可见脱毛和皮炎，公羊睾丸发育不良 锌在青草、糠麸、饼粕类中含量较多，玉米和高粱中含量较少。日粮高钙易引起缺锌
碘	缺乏	缺乏碘时容易发生甲状腺肿大、增生，幼龄羊生长缓慢，体质较弱，死亡率增加。母羊容易流产，出现死胎或无毛羔羊

续表

硒	缺乏	缺硒会导致生长受阻，心肌、骨骼萎缩，肝细胞坏死，脾纤维化，出血、水肿、贫血、腹泻等一系列病理变化。另外，缺硒还明显影响繁殖性能
	过量	硒摄入过量会出现硒慢性或急性中毒，慢性中毒表现为消瘦、贫血、被毛脱落、关节变形、采食量减少；急性中毒表现为失明、肺部充血、感觉迟缓等症状
水	缺乏	水分不足会影响畜禽的健康和生产性能，幼龄羊表现为生长停滞，成年羊表现为生长力下降。机体失水8%时会出现严重干渴，丧失食欲，消化功能降低，黏膜干燥，眼窝下陷。失水10%时会引起代谢紊乱，失水20%时会引起死亡
	过量	饮水过多会减少干物质的采食量，降低物理消化能力，维持能耗增加，另外也会对环境造成污染

第五节　羊全混合日粮

一、全混合日粮的特点

（一）TMR饲养工艺的优点

（1）精粗饲料均匀混合，避免羊挑食，维持瘤胃pH值稳定，防止瘤胃酸中毒。羊单独采食精料后，瘤胃内产生大量的酸；而采食有效纤维能刺激唾液的分泌，降低瘤胃酸度。TMR使羊均匀地采食精粗饲料，维持相对稳定的瘤胃pH值，有利于瘤胃健康。

（2）改善饲料适口性，提高采食量。与传统的粗、精饲料分开饲喂的方法相比，TMR饲料可增加羊体内益生菌的繁殖和生长，促进营养的充分吸收，提高饲料利用效率。可有效解决营养负平衡时期的营养供给问题。

（3）增加羊干物质采食量，提高饲料转化效率。提高生长速度，缩短存栏期。根据羊生长各个阶段所需不同的营养，更精确地配制均衡营养的饲料配方，使日增重大大提高。如山羊10～40千克，日增重可达到200克，与普通自配料相比可以缩短存栏期3个月。

（4）充分利用农副产品和一些适口性差的饲料原料，减少饲料浪费，降低饲料成本。

（5）根据饲料品质、价格，灵活调整日粮，有效利用非粗饲料的 NDF（中性纤维）。

（6）简化饲喂程序，减少饲养的随意性，使管理的精准程度大大提高。可提高劳动生产率，降低管理成本。

（7）实行分群管理，便于机械饲喂，提高劳动生产率，降低劳动力成本。

（8）实现一定区域内小规模羊场的日粮集中统一配送，从而提高养羊业生产的专业化程度。

（9）增强瘤胃功能，有效预防消化道疾病。羊用 TMR 颗粒饲料既可以保证羊的正常反刍，又大大减少了羊反刍活动所消耗的能量，并有效地把瘤胃 pH 值控制在 6.4～6.8，有利于瘤胃微生物的活性及其蛋白质的合成，从而避免瘤胃酸中毒和其他相关疾病的发生。实践证明，使用数月羊用全配合颗粒饲料，不仅可降低消化道疾病 90% 以上，而且还可以提高羊只的免疫力，减少流行性疾病的发生。

使用羊用 TMR 饲料，和传统饲料饲喂方式对比，羊采食量高、生长速度快、发病率低、经济效益好。

（二）TMR 的关键点

1. 羊只分群 TMR 饲养工艺的前提是必须实行分群管理，合理的分群对保证羊只健康、提高产量以及科学控制饲料成本等都十分重要。对规模羊场来讲，应根据不同生长发育阶段羊的营养需要，来结合 TMR 工艺的操作要求及可行性。

2. TMR 的调配

（1）根据不同群别的营养需要，考虑 TMR 制作的方便可行，一般要求调制三种不同营养水平的 TMR 日粮，分别为母羊 TMR、羔羊 TMR、育肥羊 TMR。

（2）对于一些健康方面存在问题的特殊羊群，可根据羊群的健康状况和进食情况饲喂相应合理的 TMR 日粮或粗饲料。

哺乳期羔羊开食料所指为精料，要求营养丰富全面，适口性好，给予少量 TMR，让其自由采食，引导采食粗饲料。断奶后到 6 月龄以前主要供给育肥羊 TMR。

（三）TMR 的制作

1. 添加顺序

（1）基本原则：遵循先干后湿，先粗后精，先轻后重的原则。

（2）添加顺序：干草，粗饲料，精料，青贮，湿糟类等。

（3）如果是立式饲料搅拌车应将精料和干草添加顺序颠倒。

2. 搅拌时间 掌握适宜搅拌时间的原则，最后一种饲料加入后搅拌 5～8 分钟即可。

3. 效果评价 从感官上，搅拌效果好的 TMR 日粮表现在：精粗饲料混合均匀，松散不分离，色泽均匀，新鲜不发热，无异味，不结块。

4. 水分控制 水分控制在 45%～55%。

（四）注意事项

（1）根据搅拌车的说明，掌握适宜的搅拌量，避免过多装载，影响搅拌效果。通常装载量占总容积的 60%～75% 为宜。

（2）严格按日粮配方，保证各组分精确给量，定期校正计量控制器。

（3）根据青贮及豆腐渣等农副产品的含水量，掌握控制 TMR 水分。

（4）添加过程中，防止铁器、石块、包装绳等杂质混入搅拌车，造成车辆损伤。

（5）TMR 饲养工艺的特点讲求的是群体饲养效果，同一组群内个体的差异被忽略，不能对羊进行单独饲喂，产量及体况在一定程度上取决于个体采食量差异。

二、羊 TMR 原料

要实现养羊的规模化，TMR 饲喂模式是必然的发展趋势，也是降低养殖成本，提高生产的关键因素。TMR 原料尽量就地取材，只有不懂调制饲料的人，几乎没有羊不能采食的农副产品。要充分利用秸秆、豆腐渣、酒糟等。

目前，最为基本的 TMR 原料包括干草类（花生秧、甘薯秧、豆秆、花生壳、米糠以及部分菌棒等），精饲料（玉米、豆粕、棉粕、麸皮、预混料），糟渣类（豆腐渣、酒糟、啤酒渣、果渣、药厂的糖渣等）三大类。

（一）干草类

干草类尽量结合当地资源选择。

（二）羊专用预混料

根据羊的营养需求，羊的预混料基本分为羔羊预混料、肥育羊预混料和种羊预混料三种。羊专用预混料主要包括钴、钼、铜、碘、铁、锰、硒、锌等各种微量元素，食盐，磷酸氢钙和维生素A、维生素D_3、维生素E等各种维生素。预混料是舍饲养羊所必需的。任何一种物质的缺乏均会导致繁殖下降，甚至繁殖障碍。

1. 羊专用预混料使用量 舍饲羊只按50千克体重每天专用预混料需求量计算，食盐大于6克，磷酸氢钙大于6克，各种微量元素大于6克，再加佐料、维生素等，每天50千克体重羊专用预混料添加量在30克左右。

目前，市场上常见到的羊预混料往往以百分之多少为主，因羊每天对预混料的需求量是相对稳定的，百分之多少的预混料在配方设计上均没有标记按羊采食多少精饲料添加，在养羊场（户）使用时，往往造成预混料不足或者过量，均影响羊的正常生长发育和繁殖。

另外，羊预混料原料成本在2 400～2 800元/吨，再加上加工、包装及运输费用，最低价格也在3 400～3 800元/吨。若价格过低，多数为原料添加量不足，但价格也不会过高。

2. 羊专用预混料使用注意事项 羊专用预混料不可直接饲喂，使用时尽量与精饲料混合均匀，合格的羊专用预混料，无需另行添加其他添加剂，有特殊情况例外。

（三）糟渣类

糟渣类作为饲料原料喂羊，不仅降低成本，也能充分利用资源优势，但必须科学保存，合理添加。例如，豆腐渣的蛋白质含量很高，但能量不足，在使用豆腐渣时，可降低精饲料中豆粕、棉籽粕的含量，适当增加青贮饲料含量；酒糟、啤酒渣、果渣、药厂的糖渣等正好相反，能量较高，但蛋白质含量相对低，可在精饲料中适当提高豆粕、棉粕的含量。

三、精饲料配方举例

（一）种羊精饲料配方

如果没有豆腐渣、酒糟等，只有干草、青贮和精饲料三部分组成TMR饲料。种羊的精饲料就要控制在0.15～0.25千克/天的饲喂量；肥育羊则要控制在0.3～0.6千克/天的饲喂量。精饲料配方如表4.3所示。

表4.3 羊精饲料组成重量比例（%）

	精饲料平均日喂量/只	玉米	豆粕	棉籽粕	麸皮	预混料
种羊	0.15	58	7	7	12	16
	0.2	60	7	8	13	12
	0.25	60.5	8	8	14	9.6
肥育羊	0.3	62	8	9	13	8
	0.35	63	8	9	13	6.9
	0.4	63	8	10	13	6
	0.45	63	8.5	10	13	5.3
	0.5	63.5	8.5	10	13	4.8
	0.55	64	8.5	10	13	4.4
	0.6	64	9	10	13	4

注：饼粕类指豆粕、棉籽粕、花生粕等，豆粕在6%以上，其余部分用棉籽粕或花生粕。预混料日饲喂量为24克。

（二）精饲料制作

精饲料制作是指按配方比例将玉米、饼粕类、麸皮、预混料混合均匀即可（图4.4）。

四、日粮配合举例

（一）羊TMR配合比例

1. 干草、青贮和精饲料组成TMR饲料比例 如果没有豆腐渣、酒糟等，只有干草、青贮和精饲料三部分组成TMR饲料。羊饲料组成重量比例如表4.4所示。

图 4.4　精饲料混合设备

表 4.4　羊饲料组成重量比例配方一（%）

	精饲料平均日喂量/只	精饲料	黄贮玉米	干草
种羊	0.15	5	80	15
	0.2	6	79	15
	0.25	8	77	15
肥育羊	0.3	10	75	15
	0.35	11	74	15
	0.4	13	72	15
	0.45	14	71	15
	0.5	16	69	15
	0.55	18	67	15
	0.6	19	66	15

注：黄贮玉米按水分含量在 60% ~70% 计算。

2. 豆腐渣、干草、青贮和精饲料组成 TMR 资料比例　如果有豆腐渣，可按照每只羊每天 1 千克饲喂，则豆腐渣、干草、青贮和精饲料四部分组成 TMR 饲料。羊饲料组成重量比例如表 4.5 所示。

表4.5 羊饲料组成重量比例配方二（%）

	精饲料平均日喂量/只	精饲料	黄贮玉米	干草	豆腐渣
种羊	0.15	5	48	15	32
	0.2	6	47	15	32
	0.25	8	45	15	32
肥育羊	0.3	10	43	15	32
	0.35	11	42	15	32
	0.4	13	40	15	32
	0.45	14	39	15	32
	0.5	16	37	15	32
	0.55	18	35	15	32
	0.6	19	34	15	32

注：黄贮玉米、豆腐渣按水分含量在60%～70%计算。

五、TMR日粮的制作

根据羊的养殖数量，羊TMR日粮的制作大体分为五大类。50只以内为散养型；50～200只为小规模养殖；200～1 000只为中小规模养殖；1 000～3 000只为中等规模养殖；3 000只以上为规模养殖。

（一）50只以内养殖规模

（1）按比例依次取干草、青贮饲料、精饲料。

（2）通过人为将干草、青贮饲料、精饲料充分揉制并混合均匀。

（3）将EM菌按2千克/吨全价日粮喷洒。

（4）直接饲喂或用塑料薄膜密封好，7天内饲喂。

（二）50～200只小规模

（1）按比例依次取干草、青贮饲料、精饲料。

（2）采用小型揉丝机将干草、青贮饲料、精饲料充分揉制并混合均匀（图4.5）。

（3）将EM菌按2千克/吨全价日粮喷洒。

（4）直接饲喂或用塑料薄膜密封好，7天内饲喂。

图4.5　小型揉丝机

(三) 200 ~1 000 只中小规模

采用大型揉丝机将干草、青贮饲料、精饲料充分揉制并混合均匀(图4.6、图4.7)。

图4.6　大型揉丝机混合饲料

图4.7　大型揉丝机揉制饲料

(四) 1 000 ~3 000 只中等规模

通过TMR混料机将干草、青贮饲料、精饲料充分揉制并混合均匀(图4.8)。

(五) 3 000 只以上规模

直接购置TMR混料饲喂车，通过TMR混料饲喂车(图4.9、图

图 4.8　小型 TMR 撒料车

4.10)，极大地简化了饲喂程序，节约了人力，5 吨的一台车就可以饲喂 3 000 只以上的羊只。

图 4.9　TMR 饲料混合机组

图 4.10　TMR 喂料车

六、羔羊代乳料

（一）配方

羔羊在出生后 10 日龄即开始训练采食，最好制作成颗粒饲料，任其自由采食，配方可参照表 4.6。

表 4.6　羔羊饲料配方

玉米	豆粕	棉粕	麸皮	预混料	优质草粉	益生菌
60	10	8	10	4	6	2

（二）制粒

制粒时按 20% 加水，尽可能加入优质草粉。羔羊饲料制粒如图

4.11、图 4.12 所示。

图 4.11　羔羊颗粒饲料机

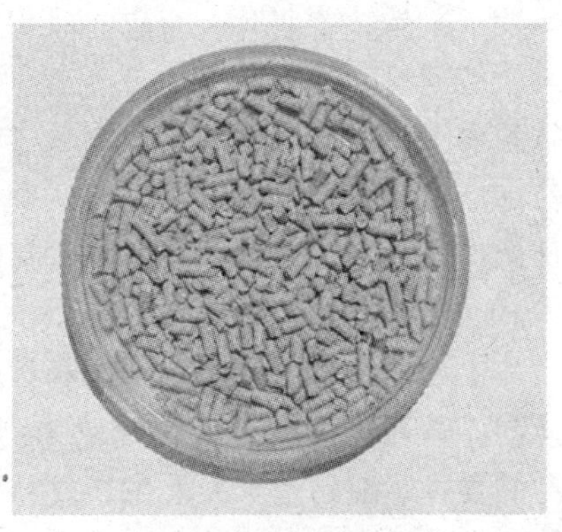

图 4.12　羔羊的颗粒饲料

七、注意事项

（一）精粗比例

羊的精饲料和粗饲料的比例控制在 1:（4～2.3），肥育羊精饲料比例可适当提高。繁殖母羊精粗饲料的比例尽量在 1:3 以内。

（二）添加豆腐渣类

豆腐渣类不能完全按精饲料或粗饲料来计算，添加豆腐渣类可替代部分玉米和饼粕类饲料。但豆腐渣类过多会引起繁殖母羊代谢病增加。

（三）全价日料水分控制

绵羊全价日粮水分尽量控制在 50% ±5%，即全价日粮的干物质含量在 50% ±5%。山羊全价日粮水分尽量控制在 42% ±3%，即全价日粮的干物质含量在 58% ±3%。

第六节　羊饲料中毒的防控

一、羊常见饲料中毒的防控

羊误食、舔食洒有农药的饲草、蔬菜，或含氯化学肥料（如氨水、尿素等)，或含有有毒物质的饲料（如新鲜棉叶及棉籽，蓖麻叶和种子，马铃薯茎叶、花果、块根等)，或腐烂、变质饲料，或过多采食精饲料（日喂玉米1.5千克时的发病率约100%)、食盐和矿物质元素等，均可导致中毒。病羊出现明显异常、痉挛、昏迷等症状。若治疗及时，轻度中毒在数日内可恢复健康，重症者数小时至1~2日死亡。大多数慢性中毒均能引起繁殖障碍，如流产、胚胎早期死亡等。

中毒的发生主要是由于饲养管理上的疏忽，因此必须从各方面加强饲养管理，切实贯彻执行“预防为主”的方针。防止植物饲料中毒的发生，对防治羊只的生长发育和繁殖有着重要的作用。因此，我们必须从以下几方面着手，防止饲草料中毒。

(1) 加强农药管理，严禁饲喂喷洒过农药的饲草和蔬菜等（喷洒农药后1月内)。

(2) 严禁直接饲喂含有有毒物质的饲料（如玉米、高粱幼苗和棉籽饼等)，饲喂前最好进行处理。

(3) 严禁饲喂霉烂、变质饲料，过食精饲料或食盐等。

(4) 发现中毒应及时进行紧急处理。对有机磷制剂中毒，尽快灌服盐类泻剂，排除胃内容物。忌用植物油类泻剂。常效解毒剂有阿托品、解磷定、氮磷定、双复磷等。

(5) 对有机氯制剂中毒，尽快灌服盐类泻剂，排出胃内容物，禁用油类泻剂。常用药物有巴比妥、氯丙嗪、石灰水清液，同时注射高渗葡萄糖液、维生素C或维生素K等。

(6) 发霉饲料中毒，灌服盐类泻剂，同时静脉注射10%葡萄糖500毫升，加维生素C 0.2~0.5克、40%乌洛托品10毫升、10%氯化钙10毫升。对症治疗用药有强心剂、镇静剂、止痛剂，辅以抗生素及磺胺类药。

(7) 对食盐中毒可内服黏浆剂及油类泻剂，一旦饮水，静脉注射10%氯化钙或10%葡萄糖酸钙，肌内注射维生素B等。

二、慢性硝酸盐和亚硝酸盐中毒

硝酸盐和亚硝酸盐作为中毒原因是有紧密联系的。虽然大剂量的硝酸盐可引起胃肠炎，但其重要性在于它是亚硝酸的来源。亚硝酸盐可在饲喂前或以后形成，可引起高铁血红蛋白血症，导致机体贫血性缺氧。慢性中毒以母羊流产、不孕，以及甲状腺肿大、免疫力下降等为特征。

（一）病因

1. 饲料　富含硝酸盐的饲料有白菜、包心菜、萝卜叶、甜菜、莴苣叶、油菜、马铃薯茎叶、南瓜藤、甘薯渣、玉米、高粱及未成熟的燕麦、小麦、大麦、黑麦和苏丹草等。此类植物在幼嫩时硝酸盐含量较高，抽穗或结果后迅速下降，种子中含硝酸盐很少。植物中硝酸盐的含量还受许多因素的影响。低温、干旱、虫害、应用除草剂2，4－D等，妨碍植物的氮代谢，使硝酸盐在植物体内蓄积；肥沃的、重施氮肥的土壤上生长的植物吸收硝酸盐的量增加；土壤缺铜、铁等元素，过度密植等因素，均可使植物生长受到抑制，使硝酸盐不能被同化为氨基酸而累积。

2. 饮水　从非常肥沃的土壤渗出的井水含硝酸盐高达1 700～3 000毫克/升，施过硝酸盐粪肥料的田水，制革的含硝废水，厩舍、厕所、垃圾堆附近的水源常含有大量的硝酸盐。水中硝酸盐含量超过200 毫克/升即可引起中毒。

长时间摄入含亚致死量的硝酸盐或亚硝酸盐的饮水或饲料，可引起慢性中毒，导致母羊流产。

（二）症状

病羊前胃弛缓、腹泻、跛行、抵抗力降低、甲状腺肿大。可能呈现维生素 A、维生素 E 缺乏症状，母羊流产或分娩无力，受胎率降低。

（三）病理变化

血液呈暗褐色或酱油色，血凝不良。胃肠黏膜充血、出血，易脱落。肺水肿，心内外膜有出血点，肝脏肿大。

（四）诊断

本病可根据摄入富含硝酸盐和亚硝酸盐的饲料或饮水，结合发病急、呼吸困难、黏膜发绀、血液呈酱油色等临床特征，做出初步诊断。确诊可取胃内容物、血液和尿液进行高铁血红蛋白和亚硝酸盐检验。

（五）预防

在种植饲草的土地上，限制使用家畜的粪尿和氮肥，以减少其中硝酸盐的含量。可能摄食含硝酸盐饲料的羊群，饲料中添加充足的碳水化合物，可以减少瘤胃中亚硝酸盐的形成，并严格控制放牧时间或饲喂量。禁止运输中或饥饿的羊只接近危险植物，不让羊群饮用污染水。如果不得不饲喂已知含中毒剂量硝酸盐的饲料时，可在每千克饲料中加入金霉素 3 毫克，可部分抑制硝酸盐还原成亚硝酸盐。

（六）治疗

首先采用特效解毒剂。常用的有美蓝（亚甲蓝）和甲苯胺蓝，同时配合应用维生素 C 支持疗效。

（1）美蓝是氧化还原剂，小剂量为还原剂，能迅速将高铁血红蛋白还原为血红蛋白，剂量为 8 毫克/千克体重，配成 1% 溶液（美蓝 1 克溶于酒精 10 毫升中，加生理盐水 90 毫升），缓慢静脉注射，或分点肌内注射，必要时可在 2 小时后重复注射。

（2）甲苯胺蓝，可配成 5% 的溶液，按 0. 5% 的溶液，0. 5 毫克/千克体重静脉或肌内注射。其疗效比美蓝高，还原高铁血红蛋白的速度比美蓝快 37% 。

（3）维生素 C 也可使高铁血红蛋白还原成血红蛋白，但效果不如美蓝，羊可按 0. 5 ~ 1 克，静脉或肌内注射。

在使用解毒剂的同时，可用 0. 1% 高锰酸钾洗胃或灌服，对重症病羊应即时输液，强心，以提高疗效。

三、疯草中毒

疯草是危害中国草原养羊业最严重的一类毒草，造成了巨大的经济损失。棘豆属和黄芪（紫云英）属植物的亲缘关系密切，形态特征颇为相似。有毒棘豆和有毒黄芪对动物几乎有相似的毒害作用，都可引起以神经症状为主的慢性中毒，因此，这类植物统称为疯草，所引起的中毒病称疯草中毒或者疯草病。中国疯草包括棘豆属的小花棘豆、黄花棘豆、甘肃棘豆、急弯棘豆、宽苞头棘豆、冰川棘豆、毛瓣棘豆等，黄芪属的变异黄芪和茎直黄芪。

（一）病因

1. 含脂肪族硝基化合物　国外部分有毒黄芪含米瑟毒苷，羊吃了这种疯草后，经体内代谢转变为3－硝基丙酸和亚硝酸盐。3－硝基丙酸能抑制琥珀酸脱氢酶和延胡索酸酶，导致三羧酸循环不能正常进行而死亡；亚硝酸盐可引起高铁血红蛋白血症，严重时可导致死亡。中国有阿拉善黄芪等16种黄芪含脂肪族硝基化合物，但还未见此类黄芪中毒的报道。

2. 含有毒生物碱　一些疯草含吲哚兹啶生物碱——苦马豆素，能抑制溶酶体的酸性。小花棘豆还含有臭豆碱、野决明碱、N－甲基野靛碱和鹰爪豆碱等生物碱。到目前为止，除了苦马豆素之外，其他生物碱在疯草中毒当中的作用还有待进一步研究和评价。

3. 与自然生态环境有关　疯草在一些地区发展为优势种，这不仅与其抗逆性强，耐干旱、耐寒等特性有关，更重要的是草场管理不善，放牧压力过大，草场退化及植被破坏等，为疯草的蔓延和密度的增加创造了条件。疯草适口性不佳，在牧草充足时，羊并不主动采食，只有在可食牧草耗尽时才被迫采食。因此，常于每年秋末到春初发生中毒。干旱年份有暴发的倾向。

4. 采食疯草数量与发病有关　大量采食疯草，羊可在10余天内发生中毒，少量连续采食需1个月到数月才能表现临床症状。

（二）症状

山羊病初精神沉郁，反应迟钝，站立时后肢弯曲；中期头部呈水平震颤，颈部僵硬，行走时后躯摇摆，追赶时易摔倒；后期四肢麻痹，卧地不起，心律不齐，最终衰竭死亡。

绵羊头部震颤，头、颈皮肤敏感性降低。而四肢末梢敏感性增强，随着病情的发展，表现步态蹒跚如醉，失去定向能力，瞳孔散大，终因衰竭而死亡。

妊娠绵羊和山羊易发生流产，或产出畸形胎儿。公羊表现性欲降低，或无性交能力。疯草中毒的初期，若停食疯草，改食优良牧草，中毒症状逐渐消失，2 周左右可恢复正常。

（三）病理变化

尸体极度消瘦，血液稀薄，腹腔有少量清亮液体，有些病例心脏扩张，心肌柔软。组织学检查，主要是神经及内脏组织细胞空泡化。

（四）诊断

疯草中毒可根据采食疯草的病史，结合运动障碍为特征的神经症状，不难做出诊断。当羊只安静或卧地时，可能看不出中毒症状，当给予刺激或用手捏提一下羊耳，便立即出现摇头不止或突然倒地不起等典型疯草中毒症状。

（五）预防

（1）禁止在疯草特别多的草场上放牧。

（2）用除草剂杀灭疯草。2，4－D 丁酯、使它隆、百草敌等单独使用或复配使用，对疯草有很好的杀灭作用。但是疯草种子在其草场上贮量很大（400～4 300 粒/米^2），要保持疯草密度低于危害羊群的程度，定期喷药是必要的。最好能结合草场改良及草场管理措施，才能取得良好效果。

（六）治疗

对轻度中毒的病羊，及时转移到无疯草的安全牧场放牧，适当补饲，一般可不用药而愈，严重中毒的羊无恢复希望。

四、产雌激素植物中毒

绵羊对植物雌激素敏感，这些植物有地下三叶草、莓三叶等。临床症状与植物激素的摄入有关，包括不孕、发情延长、发情无规律、妊娠率下降或早期胚胎死亡、阴道脱或子宫囊状增生、乳头增大、泌乳异常、难产、宫缩无力等。

（一）病因

影响绵羊生殖系统疾病最严重的就是莓三叶。从植物中提取出的雌激素类物质有三个特性：口服及注射都有效；有耐热性，当加热到100℃时仍能保持活力；有高度的抗酸性和抗碱性。

（二）症状

引起的生殖系统疾病有三种表现。

1. 母羊不孕　用繁殖能力正常的公羊进行多次配种，都不能受孕。尸体剖检时，发现子宫内膜发生腺囊肿性增生。

2. 难产　因为子宫乏力而发生母体难产。其典型特征是，临近分娩时没有外部症状，到期的胎儿发生死亡。在有些情况下，产出死羔。更常见的是，在产前多日胎儿发生死亡，但并不排出。

3. 子宫脱出　常发生于产羔后数月，甚至可见于未配种的青年羊。

公羊并无不正常现象，但去势公羊及未配种母羊常表现乳房胀大和泌乳。去势公羊的某些副性腺组织可能发生变形。

随着莓三叶的长期饲喂，产生的繁殖障碍越来越多，到5岁大时，其产羔率可降至8%，难产率可高达40%，子宫脱出率可达10%。

（三）防治

不要大量或长期饲喂三叶草。避免在雌激素植物较多的牧场上经常放牧，对病羊肌内注射黄体酮注射液，每次剂量为10～15毫克。

五、羊青贮饲料瘤胃酸中毒

（一）症状

病羊群发，表现为不采食，精神沉郁，结膜潮红，反应迟钝，不反刍，触诊回弹性强，粪便稀软酸臭，脱水明显，眼窝凹陷，尿少色浓或无尿，步态蹒跚，卧地不起，头颈侧屈或后仰，昏睡乃至昏迷。若不救治，多在3～5天内死亡。

（二）预防措施

预防本病选喂优质的青贮饲料，但不要每天只喂青贮饲料，且禁止饲喂变质霉烂的青贮饲料。每天青贮饲料的饲喂量最多不超过日粮总量的60%，适宜量一般为40%。

（三）治疗方法

如果羊因采食青贮饲料中毒，首先停止饲喂。对症状较轻的羊，将胃导管经口插入瘤胃，先用37～40℃温热水冲洗，直至瘤胃内容物无酸臭味呈中性或碱性为止，然后取健康羊的瘤胃液200～500毫升注入病羊瘤胃中。对于症状严重的羊，可取5%碳酸氢钠溶液500～1 500毫升、葡萄糖溶液500～1 000毫升及60毫升维生素C静脉注射。对于有心衰的羊应皮下注射25%尼可刹米注射液10～20毫升、10%安钠咖注射液10～20毫升或0.1%肾上腺素3～5毫升；也可用胃管投服碳酸氢钠10克，温热水2 000～4 000毫升，以中和瘤胃内的乳酸。中药可取天花粉、葛根、金银花各30克，甘草60克，绿豆500克，共同研为细末。用开水冲调，候温后，用胃管投服。

六、过量谷物饲料酸中毒

（一）发病原因

常见于由放牧或粗饲料日粮改为精饲料型日粮时，尤其是体重30千克以上的羔羊，日粮中精饲料由15%猛增到75%～85%时，易发生酸中毒。原因是瘤胃微生物吸收精饲料过多，产酸量多且浓度高，以致杀死瘤胃内其他微生物，导致瘤胃内酸碱平衡失调。

（二）症状

羊只通常在进食大量精料后6～12小时出现症状。病初羊只精神抑郁、低头、垂耳、腹部不适，然后侧卧，不能起立，昏迷而死。叩击病羊瘤胃部位，有击水声。眼黏膜充血。病程持续12～18小时。

（三）防治措施

羔羊进入育肥期后，改换日粮不宜过快，应让瘤胃微生物在适应期内自行调整。加大育肥圈面积，防止羔羊抢食。日粮中加入适量的碳酸氢钠即小苏打，可缩短瘤胃适应期。防治可用碳酸氢钠20～30克、酒精鱼石脂10毫升、呋喃唑酮5片内服，每日2～3次。

（四）治疗

发现早期症状时，即灌服制酸剂碳酸氢钠、碳酸镁等。方法是取450克制酸剂和等量活性炭混合，加温水4升，胃管灌服0.5升/只。

七、其他中毒

（一）毒芹中毒

毒芹又名走马芹、野芹菜，一般采食后在 2 ~ 3 小时出现临床症状。羊误食后表现为行动不安、瘤胃膨胀、口吐白沫、下痢、肌肉痉挛、频频排尿。在痉挛发作时病羊突然倒地、头颈后仰、四肢强直、牙关紧闭、心跳加快、体温升高，多呈癫痫样发作。内服鞣酸 5 克或食醋 200 毫升即可缓解。

（二）断肠草中毒

断肠草中草药名为“金勾吻”，又叫胡蔓藤、大茶药、野葛、毒根菜，羊采食后表现为腹痛、跳跃和呕吐。无特效药治疗，可灌服适量食醋解毒。

（三）尿素中毒

病羊表现为精神不安、肌肉颤抖、步态不稳、卧地呻吟、瘤胃臌气。首先灌服食醋 200 ~ 300 毫升，内服硫酸钠、硫酸镁或植物油等泻剂，臌气严重时可实施瘤胃穿刺术，如果无效，应增加食醋用量，使瘤胃气胀逐渐消失。

（四）食盐中毒

病羊主要症状表现为口渴。急性中毒的羊口腔流出大量泡沫，兴奋不安，磨牙，肌肉震颤。应及时给予大量饮水，并内服油类泻剂，静脉注射 10% 的氯化钙液或 10% 的葡萄糖酸钙液，皮下或肌内注射维生素 B，并进行补液。

第五章　饲养管理与羊病防控

羊按生理阶段可分为羔羊、育成羊和成年羊三个阶段。羊的饲养管理可根据不同生理阶段和性别进行分类饲养管理。饲养管理是养好羊的基础，饲养管理不仅要强调饲养，更注重管理，尤其是羊场规章制度、操作规程、档案管理等，而且，规章制度一定要为羊的饲养管理服务，不是为给外人参观而制定的。科学合理的饲养管理不仅能增加生产性能，而且能提高羊只的免疫力，从而减少疾病的发生。

第一节　繁殖母羊的饲养管理

繁殖母羊可分为空怀期、妊娠期和哺乳期三个阶段，其中妊娠期可分为前期（3 个月）、后期（2 个月）和哺乳期（2 个月）。重点是妊娠后期和哺乳期，共约 4 个月。

一、繁殖母羊的饲养

（一）空怀母羊

空怀母羊以恢复体况，膘情达到七成以上配种为宜。空怀期母羊配种前 10 ~ 15 天，饲喂量按干物质计算，约为体重的 3%，全价混合日粮水分控制在 50%，喂量 3 ~ 4 千克，其中精料 0. 15 ~ 0. 2 千克，含预混料 24 克。

（二）妊娠母羊

对妊娠母羊应做好保胎工作，并使胎儿发育良好。不得饲喂发霉、变质、冰冻或其他异常饲料。不得空腹饮水和饮冰碴水。日常管理中不得有惊吓、驱赶等剧烈动作，特别是羊在出入圈门或补饲时，要防止相互挤压，避免流产。妊娠后期的母羊要给予补饲，不宜进行防疫注射。母羊怀孕后期应在放牧的基础上，根据膘体等具体情况补饲。

在妊娠前3个月，营养需要与空怀期基本相同。在妊娠的后2个月，比空怀期蛋白质提高15%～20%，钙、磷含量增加40%～50%，并要有足量的维生素A、维生素E和维生素D。妊娠后期，每天每只补饲混合精料0.2千克。

（三）哺乳母羊

产后2个月为哺乳期，此期应保证母羊的全价饲养，有充足的奶水供给羔羊。经常检查母羊乳房，如有乳房发炎、化脓等情况，要及时采取相应措施予以处理。应保持圈舍清洁干燥，及时清除胎衣、毛团、塑料袋（膜）等。

在母羊产后的7天内，可喂给米汤、米潲水（让其自由饮用）；产后15～20天，根据母羊乳汁量情况可适当增加补饲，一般每天可补饲精料0.2～0.3千克。全价混合日粮每天采食量为3～4千克。

二、繁殖母羊的管理

制订好完整的繁殖规划。怀孕母羊应加强管理，要防拥挤、防跳沟、防惊群、防滑倒，日常活动要以“慢、稳”为主，不能吃霉变饲料和冰冻饲料，以防流产。

母羊产后1～3天，不能喂过多的精料，不能喂冷、冰水。羔羊断奶前，应逐渐减少多汁饲料和精料喂量，防止发生乳房疾病。母羊舍要经常打扫、消毒，胎衣和毛团等污物要及时清除，以防羔羊吞食发病。一般羔羊到2月龄左右断乳。

加强日常管理，搞好栏舍维护。要做到“一保、二用、三不、四勤”。一保是保证圈舍清洁卫生、干燥温暖；二用是用温水饮羊，用干草或干栏舍；三不是圈舍不进风、不漏雨、不潮湿；四勤是圈舍勤垫草、勤换草、勤打扫、勤除粪。同时，还要绝对避免踢打、惊吓，防止与其他羊或其他动物相斗或互相挤压。

三、繁殖母羊饲养管理注意事项

1. 及时断奶 尽量保证羔羊在2月龄以内断奶，最高可提前到42天断奶，可以保证母羊的及时发情、及时配种（人工授精）。

2. 及时配种 母羊断奶后在1个月内完成统一发情和配种（人工授精），尽量避开7～9月的配种，防止12月、1月和2月产羔，此期羔羊死亡率增加。

3. 准确的妊娠诊断 对妊娠2月龄母羊及时做好妊娠诊断，减少空怀。

四、繁殖母羊常见病的防治

（一）流产的防治

流产又称为妊娠中断，是指由于胎儿或母体的生理过程发生紊乱，或它们之间的正常关系受到破坏，而导致的妊娠中断（图5.1）。

对母羊应加强饲养管理，增强母羊营养，除去容易造成母羊流产的因素是预防的关键。当发现母羊有流产预兆时，应及时采取制止阵缩及努责的措施，可注射镇静药物，如苯巴比妥、水合氯醛、黄体酮等进行保胎。用疫苗进行免疫，特别是可引起流产的传染病疫苗。

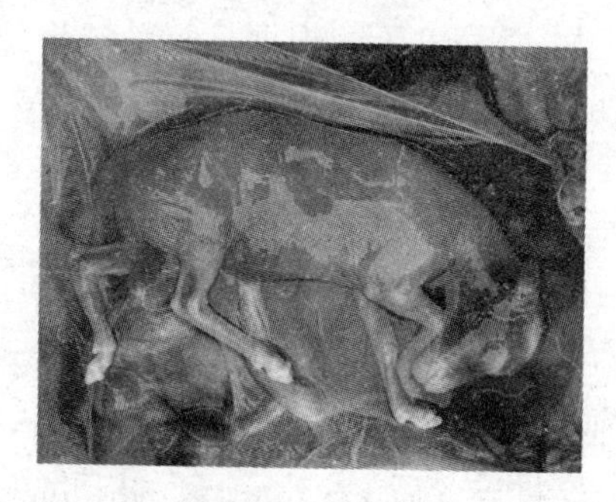

图5.1 流产胎儿

制订一个生物安全方案，引进的羊群在归群之前，隔离1个月；维持好的身体状况，提供充足的饲料，高质量的维生素矿物质盐混合物，储备一些能量和蛋白质，以备紧急情况下使用；在流行地区分娩前4个月和2个月分别免疫衣原体和弧菌病（可能还有其他疾病），如果以前免疫过，免疫一次即可；怀孕期间，饲喂四环素（200～400毫克/天），将药物混在矿物质混合物中。

避免与牛、猪接触，饲料和饮水不被粪尿污染，不要将饲料放到地上，减少鼠、鸟和猫的危害。发生流产后，立即将胎儿（包括胎盘）送往实验室诊断。将产出的羔羊和买来的母羊与其他羊分开饲养。发生流产后立即做出反应（诊断、处理流产组织，隔离流产母羊，治疗其他羊只），使羊群尽量生活在一个干净、应激少、宽松的环境。

（二）难产的防治

难产病因有普通病因和直接病因两大类。普通病因指通过影响母体或胎儿而使正常的分娩过程受阻。引起难产的普通病因主要包括遗传因素、环境因素、内分泌因素、饲养管理因素、传染性因素及外伤因素等。直接病因指直接影响分娩过程的因素。由于分娩的正常与否主要取决于产力、产道及胎儿三个方面，因此难产按其直接病因可以分为产力性难产、产道性难产及胎儿性难产三类，其中前两类又可合称为母体性难产（图 5.2）。

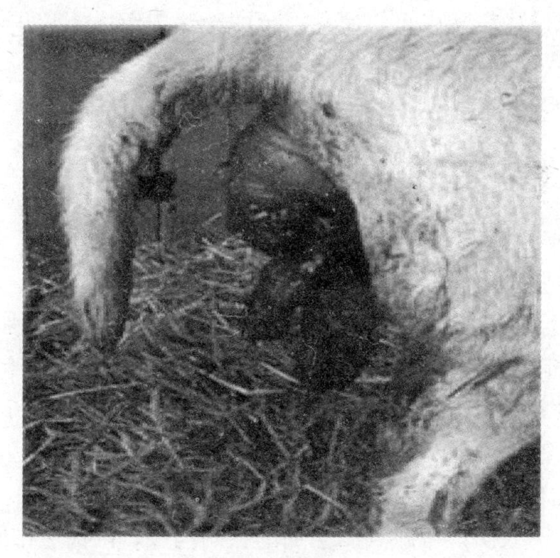

图 5.2 难产

1. 助产的基本原则 在手术助产时，必须重视以下基本原则。

（1）及早发现，果断处理。当发现难产时，应及早采取助产措施。助产越早，效果越好。难产病例均应做急诊处理，手术助产越早越好，尤其是剖宫产术。

（2）术前检查，拟订方案。术前检查必须周密细致，根据检查结果，结合设备条件，慎重考虑手术方案的每个步骤及相应的保定、麻醉等，通常的保定是使母羊成为前低后高或仰卧（有时）姿势，把胎儿推回子宫内进行矫正，以便利操作。

（3）如果胎膜未破，最好不要弄破胎膜进行助产。如胎儿的姿势、方向、位置复杂时，就需要将胎膜穿破，及时进行助产。在胎膜破裂时间较长，产道变干时，就需要注入石蜡油或其他油类，以利于助产手术的进行。

（4）注意保护母羊生殖道，使其尽量受到最小损伤。将刀子、钩子等尖锐器械送入产道时，必须用手保护好，以免损伤产道。进行手术助产时，所有助产动作都不要过于粗鲁。一般来说，只要不是胎儿过大或母体过度疲乏，仅仅需要将胎儿向内推，矫正反常部分，即可自然产出。如果需要人力拉出，也应缓缓用力，使胎儿的拉出和自然产出一样。同时，重视发挥集体力量。

2. 助产准备

（1）术前检查：询问羊的分娩时间，是初产或经产，看胎膜是否破裂，有无羊水流出，检查全身状况。

（2）保定母羊：一般使羊侧卧，保持安静，前躯低、后躯稍高，以便于矫正胎位。

（3）消毒：对手臂、助产用具进行消毒；对外阴周围用1∶5 000的新洁尔灭溶液进行清洗。

（4）产道检查：注意产道有无水肿、损伤、感染，产道表面干燥和湿润状态。

（5）胎位、胎儿检查：确定胎位是否正常，判断胎儿死活。胎儿正产时，手入阴道可触到胎儿嘴巴、两前肢、两前肢中间夹着胎儿的头部；当胎儿倒生时，手入产道可发现胎儿尾巴、臀部、后肢及脐动脉。以手指压迫胎儿，如有反应表示尚存活。

（6）助产的方法：常见难产部位有头颈侧弯、头颈下弯、前肢腕关节屈曲、肩关节屈曲、肘关节屈曲、胎儿下位、胎儿横向和胎儿过大等；可按不同的异常产位将其矫正，然后将胎儿拉出产道。多胎羊只，应注意怀羔数目，在助产中认真检查，直至将全部胎儿助产完毕，方可让母羊归群（图5.3）。

图5.3 羊的助产

（7）剖宫产：子宫颈扩张不全或子宫颈闭锁；胎儿不能产出；或骨骼变形，致使骨盆腔狭窄，胎儿不能正常通过产道，在此情况下，可进行剖宫产术，急救胎儿，保护母羊安全。

（8）阵缩及努责微弱的处理：可皮下注射垂体后叶素、麦角碱注射液1~2毫升。必须注意，麦角制剂只限于子宫颈完全开张，胎势、胎位及胎向正常时使用，否则易引起子宫破裂。

羊怀双羔时，可遇到双羔同时各将一肢伸出产道，形成交叉的情况。由此形成的难产，应分清情况，可触摸腕关节确定前肢，触摸确定后肢。确定难产羔羊体位后，可将一只羔羊的肢体推回腹腔，先整顺一只羔羊的肢体，将其拉出产道。随后再将另一只羔羊的肢体整顺拉出。切忌将两只羔羊的不同肢体，误认为同一只羔羊的肢体，施行助产。

3. 剖宫产术 剖宫产术是在发生难产时，切开腹壁及子宫壁面从切口取出胎儿的手术。必要时山羊和绵羊均可施行此术（图5.4）。如果母羊全身情况良好，手术及时，则有可能同时救活母羊和胎儿。

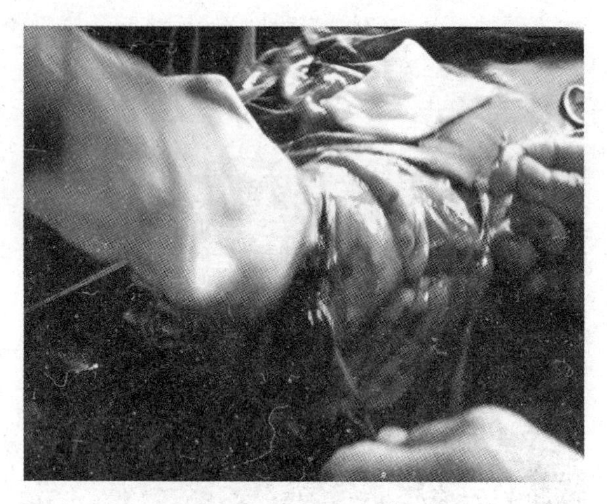

图 5.4　羊的剖宫产

（三）胎衣不下的防治

胎儿出生以后，母羊排出胎衣的正常时间，绵羊为 3.5（2～6）小时，山羊为 2.5（1～5）小时，如果在分娩后超过 14 小时胎衣仍不排出，即称为胎衣不下（图 5.5）。此病在山羊和绵羊都可发生。

图 5.5　胎衣不下

胎衣可能全部不下，也可能是一部分不下。未脱下的胎衣经常垂吊在阴门之外。病羊拱背，时常努责，有时由于剧烈努责，胎衣能在 14 小时以内全部排出，很少出现继发性疾病。但若超过 1 天，则胎衣会发生腐败，尤其是天气炎热时腐败更快。从胎衣开始腐败起，羊即因腐败产物引起中毒，使其精神不振、食欲减少、体温升高、呼吸加快、泌乳量降低或泌乳停止，并从阴道中排出恶臭的分泌物。由于胎衣压迫阴道黏膜，可能使其发生坏死。此病往往并发败血病、破伤风或气肿疽，或者造成子宫或阴道的慢性炎症。如果羊只不死，一般在 5 ~ 10 天内，全部胎衣发生腐烂而脱落。山羊对胎衣不下的敏感性比绵羊大。

预防方法主要是加强孕羊的饲养管理：饲料的配合以不使孕羊过肥为原则，每天必须保证适当的运动。在产后 14 小时以内，可待其自行脱落；如果超过 14 小时，必须采取适当措施，因为这时胎衣已开始腐败，若再滞留在子宫中，可以引起子宫黏膜的严重发炎，导致暂时的或永久的不孕，有时甚至引起败血病。病羊分娩后不超过 24 小时的，可应用垂体后叶素注射液、催产素注射液或麦角碱注射液 0.8 ~ 1 毫升，1 次肌内注射；超过 24 小时的，应尽早进行治疗，绝不可强拉胎衣，以免扯断而将胎衣留在子宫内。

（四）生产瘫痪的防治

生产瘫痪又称乳热病或低钙血症，是急性而严重的神经性疾病。其特征为咽、舌、肠道和四肢发生瘫痪，失去知觉（图 5.6）。此病主要见于成年母羊，发生于产前或产后数日内，偶尔见于怀孕的其他时期。山羊和绵羊均可患病，但以山羊比较多见。尤其在 2 ~ 4 胎的某些高产奶山羊，几乎每次分娩以后都重复发病。

1. 症状　最初症状通常出现于分娩之后，少数病例见于妊娠末期和分娩过程。病羊表现为衰弱无力。病初表现精神抑郁，食量减少，反刍停止，后肢软弱，步态不稳，甚至摇摆。有的绵羊弯背低头，蹒跚走动。由于发生战栗和不能安静休息，呼吸常见加快。这些初期症状维持的时间通常很短，管理人员往往注意不到。此后羊站立不稳，在企图走动时跌倒。有的羊倒地后起立很困难。有的不能起立，头向前直

图 5.6　产后瘫痪

伸，不吃，停止排粪和排尿。皮肤对针刺的反应很弱。

少数羊知觉完全丧失，发生极明显的麻痹症状；张口伸舌，咽喉麻痹。针刺皮肤无反应。脉搏先慢而弱，以后变快，勉强可以摸到；呼吸深而慢；病的后期常常用嘴呼吸，唾液随着呼气吹出，或从鼻孔流出食物。病羊常呈侧卧姿势，四肢伸直，头弯于胸部，体温逐渐下降，有时降至36℃；皮肤、耳朵和角根冰冷，很像将死状态。

有些病羊往往死于没有明显症状的情况下，例如有的绵羊在晚上表现健康，而次晨却见死亡。

2. 预防 ①喂给富含矿物质的饲料。单纯饲喂富含钙质的混合精饲料，似乎没有预防效果，假若同时给予维生素D，则效果较好。②产前应保持适当运动。但不可运动过度，因为过度疲劳反而容易引起发病。③药物预防。对于习惯性发病的羊，于分娩之后，及早应用下列药物进行预防注射：5%氯化钙40～60毫升，25%葡萄糖80～100毫升，10%安钠咖5毫升混合，一次静脉注射。

（五）卵巢囊肿的防治

卵巢囊肿是指卵巢上有卵泡状物，存在的时间在10天以上，同时卵巢上无正常黄体结构的一种病理状态。一般又分为卵泡囊肿和黄体囊肿两种。

1. 症状 羊发生卵巢囊肿的症状按外部表现可分为慕雄狂和乏情两类。慕雄狂母羊，一般经常表现无规律的、长时间或连续性的发情症状，表现不安；乏情的羊则表现为长时间不出现发情征象，有时可长达数月，因此常被误认为是已妊娠。有些在表现一两次正常的发情后转为乏情；有些则在病的初期乏情，后期表现为慕雄狂；也有些患卵巢囊肿的羊只先表现慕雄狂的症状，而后转为乏情。

2. 治疗 卵巢囊肿的治疗方法种类繁多，其中大多数是通过直接引起黄体退化而使母羊恢复发情周期。但应注意，此病是可以自愈的，具有促黄体素生物活性的各种激素制剂已被广泛用于治疗卵巢囊肿。

（1）改变日粮结构，饲料中补充维生素A。

（2）激素疗法。①肌内或皮下注射绒毛膜促性腺激素或促黄体素 500～1 000 单位。②注射促排卵 3 号（LRH－A3）4～6 毫克，促使卵泡囊肿黄体化。然后皮下或肌内注射前列腺素溶解黄体，即可恢复发情周期。③肌内注射孕酮 5～10 毫克，每天 1 次，连用 5～7 天，效果良好。孕酮的作用除了能抑制发情外，还可以通过负反馈作用抑制丘脑下部促性腺激素释放激素的分泌，使性兴奋及慕雄狂症状消失。④可用前列腺素或其类似物进行治疗，促进黄体尽快萎缩消退，从而诱导发情。⑤人工诱导泌乳。此法对乳用山羊是一种最为经济的办法。

（六）子宫内膜炎的防治

羊子宫内膜炎主要是由某些病原微生物传染而引起，可能成为显著的流行病。

1. 病因 造成羊子宫内膜炎的主要原因如下。

（1）繁殖管理不当，配种时消毒不严。基层配种站和个体种畜户在本交配种时对种公羊的阴茎和母羊外阴部不清洗、不消毒或清洗消毒不严；人工授精时对所用器械消毒不严格，或用同一支输精管，不经消毒而给多头母羊输精。

（2）分娩时造成子宫阴道黏膜损伤和感染。农村母羊产羔多无产房，又无清洗母羊后躯的习惯，加上一些助产人员接产时不注意清洗消毒手臂和工具，母羊分娩时阴道外露受到污染，或将粪渣、草屑、灰尘黏附在阴道壁上，分娩后阴道内收，将污物带进体内；有时甚至子宫外翻受污，也不进行清洗消毒，致使子宫、阴道受到感染。

（3）进行人工授精时，技术不熟练和操作时间过长，刺伤母羊的子宫颈，造成子宫颈炎和子宫颈糜烂，继而引发子宫内膜炎。

（4）对患有子宫、阴道疾病的母羊，不经过检查，即让健康种公羊与其交配，后让这只公羊与健康母羊交配，造成生殖道疾病的进一步散播。

（5）流产、胎死腹中腐败、阴道或子宫脱出、胎衣不下、子宫损伤、子宫复位不全及子宫颈炎，未能及时治疗和处理，因而继发和并发子宫、阴道疾病。

（6）常给母羊饮用死水池塘、污水坑内等污染的水。

（7）冲洗子宫时使用的消毒性或腐蚀性药液浓度过大，使阴道及子宫黏膜受到损伤。

（8）某些传染病如布氏杆菌病、寄生虫病也可引起子宫疾病。

2. 预防 子宫内膜炎的预防应从饲养管理着手，进行全面的预防。

（1）加强饲养管理，防止发生流产、难产、胎衣不下和子宫脱出等疾病。

（2）预防和扑灭引起流产的传染性疾病。

（3）加强产羔季节接产、助产过程的卫生消毒工作，防止子宫受到感染。

（4）及时治疗子宫脱出、胎衣不下及阴道炎等疾病。

严格隔离病羊，不可与分娩的羊同群喂管；加强护理，保持羊舍的温暖清洁，饲喂富于营养而带有轻泻性的饲料，经常供给清洁饮水。

（七）乳房炎的防治

1. 病因

（1）母羊患乳房炎，常由于哺乳前期及泌乳期没有做好乳头的清洗消毒工作，或因羊羔吸乳时损伤了乳头及乳头孔堵塞，乳汁淤结而变质，细菌便由乳头上的小伤口通过乳腺管侵入乳腺小叶，或经过淋巴侵入乳腺小叶的间隙组织而造成急性炎症（图 5. 7、图 5. 8）。

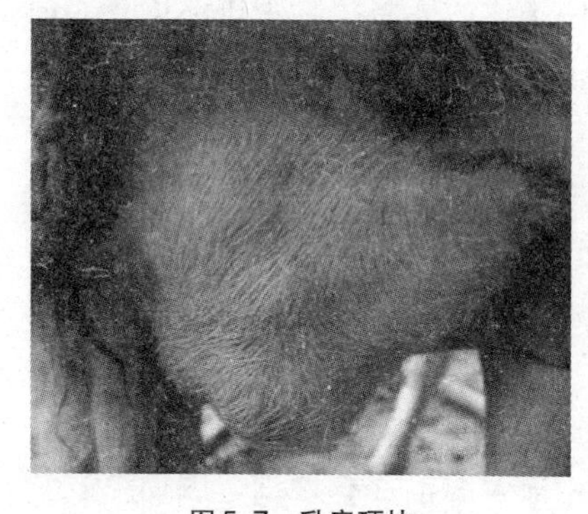

图 5. 7　乳房硬块

图 5. 8　乳房肿胀

（2）乳房炎多因挤乳方法不妥而损伤乳头、乳体腺，放牧、舍饲时划破乳房皮肤，病菌通过乳头孔或伤口感染；母羊护理不当、环境卫生不良给病菌侵入乳房创造了条件。病菌主要有葡萄球菌、链球菌和肠道杆菌等。某些传染病如口蹄疫、放线菌病也可引起乳房炎。本病以产奶量高和经产的舍饲羊多发。

2. 预防

（1）注意保持乳房的清洁卫生。母羊哺乳及泌乳期，乳房充胀，加上产羔后7～15天阴道常有恶露排出，极容易感染疾病。因此，应特别注意保持乳房的清洁卫生，经常用肥皂水和温清水擦洗乳房，保持乳头和乳晕的皮肤清洁柔韧，羊圈舍要勤换垫土并经常打扫，保持圈舍地面清洁干燥，防止羊躺卧在泥污和粪尿上。羊羔吸乳损伤了乳头，暂停哺乳2～3天，将乳汁挤出后喂羊羔，局部贴创可贴或涂紫药水，能迅速治愈。

（2）坚持按摩乳房。在母羊哺乳及泌乳期，每日轻揉按摩乳房1～2次，随即挤出挤净乳头孔及乳房瘀汁，激活乳腺产乳和排乳的新陈代谢过程，消除隐性乳房炎的隐患。

（3）增加挤奶次数。羊患乳房炎与每日挤奶次数少、乳房乳汁聚集滞留时间长、造成乳房内压及负荷量加重密切相关。因此，改变传统的每日挤奶1次为2～3次，既可提高2%～3%的产奶量，又减轻了乳房的内压及负荷量，可有效防止乳汁凝结引发乳房炎。

（4）及时做好羊舍的防暑降温工作。夏季炎热，羊常因舍内通风不良，引起中暑或热应激引发乳房炎等疾病。因此，要及时搭盖宽敞、隔热通风的凉棚，保持圈舍通风凉爽，中午高温时要喷洒凉水降温。供给羊充足清洁的饮水，并加入适量食盐，以补充体液，增加羊体排泄量，有利于清解里热，降低血液及乳汁的黏稠度。经常给羊挑喂蒲公英、紫花地丁、薄荷等清凉草药，可清热泻火，凉血解毒，防治乳房炎。

（八）绵羊妊娠毒血症的防治

1. 病因　绵羊妊娠毒血症是怀孕末期母羊由于碳水化合物和挥发性脂肪酸代谢障碍而发生的亚急性代谢病，以低血糖、酮血症、酮尿症、虚弱和失明为主要特征，主要发生于怀双羔或三羔的羊。5～6

岁的绵羊比较多见。

2. 临床表现 主要临床表现为精神沉郁，食欲减退，运动失调、呆滞凝视、卧地不起，甚至昏迷、死亡等症状，给养殖户造成一定经济损失。该病主要发生于妊娠最后一个月，分娩前10～20天多发，发病后1天内即可死亡，死亡率可达70%～100%。

3. 预防

（1）加强饲养管理，合理配合日粮，尽量防止日粮成分的突然变化。在怀孕的前2～3个月，不要让其体重增加太多。2～3个月以后，可逐渐增加营养。直到产羔以前，都应保持良好的饲养条件。如果没有青贮料和放牧地，应尽量争取喂给豆科干草。在怀孕的最后1～2个月，应喂给精饲料。喂量根据体况而定，从产前2个月开始，每天喂给100～150克，以后逐渐增加，到临分娩之前达到0.5～1千克/天。肥羊应该减少喂料。

（2）在怀孕期内不要突然改变饲养习惯。饲养必须有规律，尤其在怀孕后期，当天气突然变化时更要注意。一定要保证运动，每天应进行放牧或运动2小时左右，至少应强迫行走250米左右。当羊群中已出现发病情况时，应给孕羊普遍补喂多汁饲料、小米汤、糖浆及多纤维的粗草，并供给足量饮水。必要时还可加喂少量葡萄糖。

第二节　种公羊的饲养管理

种公羊的好坏对整个羊群的生产性能和品质高低起决定性作用。俗话说："母羊好，好一窝；公羊好，好一坡。"种公羊数量少，种用价值高，对后代的影响大，对提高羊群的生产力起重要作用，故在饲养上要求很高。对种公羊必须精心饲养管理，要求保持良好的种用体况，即四肢健壮，体质结实，膘情适中，精力充沛，性欲旺盛，精液品质良好。常年保持中上等膘情，健壮的体质、充沛的精力、旺盛的精液品质，可保证和提高种羊的利用率。

一、种公羊的饲养

（一）非配种期的饲养

非配种期加强饲养，全价混合日粮采食量为体重的3%～3.5%，日粮组成主要包括精饲料、干草类、青贮饲料和糟渣类，其中，精饲料控制在0.4～0.8千克/天。

（二）配种期的饲养

饲料应力求多样化，互相搭配，以达到营养价值完全、容易消化、适口性好。根据当地情况，有目的、有针对性地选用。

配种期饲养可分为预备配种期（配种前1～1.5个月）和配种期两个阶段。预备配种期开始补喂精料，喂量为配种期标准的60%～70%，然后逐渐增加到配种期的饲养标准。要定期抽检精液品质。

配种时期，每天必须增补精料和蛋白质。1毫升精液需可消化蛋白质50克。体重80～90千克的种公羊，每天需要250克以上的可消化粗蛋白质，并且随日采精次数的多少，而相应调整标准喂量及其他特需饲料（牛奶、鸡蛋等）。

日粮定额一般可按混合精料1.2～1.4千克，青干草2千克，胡萝卜等多汁饲料0.5～1.5千克（有放牧条件者后两种可全减或酌减），鸡蛋1～4个或牛奶0.5～1.0千克，食盐15～20克，骨粉5～10克的标准喂给。分2～3次给草料，自由饮水。

二、种公羊的管理

种公羊配种采精要适度，一般1只公羊即可承担100～200只母羊的配种任务。定期检查精液品质。

种公羊舍环境应安静，远离母羊舍，以减少发情母羊和公羊之间的相互干扰。种公羊舍应选择通风、向阳、干燥的地方，高温、潮湿会对精液品质产生不良影响。种公羊应单独饲养，每只公羊约需面积2平方米，以免相互爬跨和顶撞。种公羊应由专人饲养，以便熟悉其特性，建立条件反射和增进人畜感情。

小公羊要及时进行生殖器官检查，对小睾丸、短阴茎、包皮偏后、独睾、隐睾、附睾不明显、公羊母相、8 月龄无精或死精者要淘汰。

坚持运动，每天 1～2 小时；经常刷拭，每天一次；定期修蹄，每季度一次。耐心调教，和蔼待羊，驯养为主，防止恶癖。10 月龄时可适量采精或交配。种公羊在采精初期，每周采精最好不要超过 2 次。1 岁可正式投入采精生产，每周采精 4 次左右。若饲养条件好且种公羊体质好，每周采精次数可适当增加。

三、种公羊饲养管理的注意事项

专人专养，是指公羊的饲养人员要固定，同时，采精工作也应该由饲养员负责，这样有利于公羊和饲养员之间的交流，减少应激。

1.5 岁的种公羊，一天内采精不宜超过 2 次，每次采精收集 2 次射精量，两次采精间隔 10～15 分钟，公羊在采精前不宜吃得过饱。

四、公羊睾丸炎的防治

公羊睾丸炎主要是由损伤和感染引起的各种急性和慢性睾丸炎症（图 5.9）。

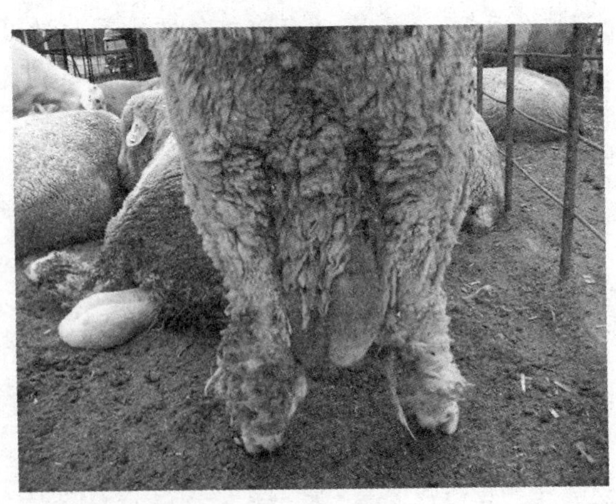

图 5.9　公羊睾丸炎

（一）病因

1. 由损伤引起感染 常见损伤为打击、啃咬、蹴踢、尖锐硬物刺伤和撕裂伤等，继之由葡萄球菌、链球菌和化脓棒状杆菌等引起感染，多见于一侧，外伤引起的睾丸炎常并发睾丸周围炎。

2. 血行感染 某些全身感染如布氏杆菌病、结核病、放线菌病、鼻疽、腺疫沙门杆菌病、乙型脑炎等可通过血行感染引起睾丸炎症。另外，衣原体、支原体、脲原体和某些疱疹病毒也可以经血流引起睾丸感染。在布氏杆菌病流行地区，布氏杆菌感染可能是睾丸炎最主要的原因。

3. 炎症蔓延 睾丸附近组织或鞘膜炎症蔓延；副性腺细菌感染沿输精管道蔓延均可引起睾丸炎症。附睾和睾丸紧密相连，常同时感染和互相继发感染。

（二）症状

（1）急性睾丸炎睾丸肿大、发热、疼痛；阴囊发亮；公羊站立时拱背、后肢广踏、步态拘强，拒绝爬跨；触诊可发现睾丸紧张、鞘膜腔内有积液、精索变粗，有压痛。病情严重者体温升高、呼吸浅表、脉频、精神沉郁、食欲减少。并发化脓感染者，局部和全身症状加剧。在个别病例，脓汁可沿鞘膜管上行入腹腔，引起弥漫性化脓性腹膜炎。

（2）慢性睾丸炎睾丸不表现明显热痛症状，睾丸组织纤维变性、弹性消失、硬化、变小，产生精子的能力逐渐降低或消失。

（三）病理变化

炎症引起的体温增加和局部组织温度增高以及病原微生物释放的毒素和组织分解产物都可以造成生精上皮的直接损伤。

（四）预防

建立合理的饲养管理制度，使公羊营养适当，不要交配过度，尤其要保证足够的运动；对布氏杆菌病定期检疫，并采取检疫规定的相应措施。

（五）治疗和预后

急性睾丸炎病羊应停止使用，安静休息；早期（24 小时内）可冷敷，后期可温敷，加强血液循环使炎症渗出物消散；局部涂擦鱼石脂软膏、复方醋酸铅散；阴囊可用绷带吊起；全身使用抗生素药物；局部可在精索区注射盐酸普鲁卡因青霉素溶液（2%盐酸普鲁卡因20毫升，青霉素80万单位），隔日注射1次。

无种用价值者可去势。单侧睾丸感染而欲保留做种用者，可考虑尽早将患侧睾丸摘除；已形成脓肿摘除有困难者，可从阴囊底部切开排脓。

由传染病引起的睾丸炎，应首先考虑治疗原发病。

睾丸炎预后视炎症严重程度和病程长短而定。急性炎症病例由于高温和压力的影响可使生精上皮变性，长期炎症可使生精上皮的变性不可逆转，睾丸实质可能坏死、化脓。转为慢性经过者，睾丸常呈纤维变性、萎缩、硬化，生育力降低或丧失。

第三节　育成羊的饲养管理

育成羊指断奶到第一次配种的羊。

一、育成羊的饲养

保证有足够青干草、青贮料、多汁饲料的供应。每天要补给混合精料150~250克。对种用羊公、母分群，按种用标准饲养。母羊初配体重应达到成年体重的70%。

二、育成羊的管理

1. 称重　在3月龄、6月龄和1周岁时进行称重。

表5.1　绵羊由初生到12月龄体重变化　（单位：千克）

月龄	初生	1	2	3	4	5	6	7	8	9	10	11	12
公羊	4.0	12.8	23.0	29.4	34.7	37.6	40.1	43.1	47.0	51.5	56.3	59.6	60.9
母羊	3.9	11.7	19.5	25.2	28.7	31.4	34.4	36.8	39.8	42.6	46.0	49.8	52.6

2. 选留　将不符合种用的转入肥育舍进行育肥。

3. 饮水　自由饮水。

4. 运动 加强运动。

5. 卫生 搞好圈舍卫生，按时防疫。

第四节 羔羊的饲养管理

羔羊指从出生到断奶阶段（42～60天）的羊只。此阶段的饲养管理主要是保证羔羊及时吃好初奶和常奶。提早补料，10日龄开始采食幼嫩的青干草；15～20日龄适量补饲配合精料。防寒防湿，通风保暖，加强运动，增强羔羊体质。

一、初生羔羊的护理程序

初生羔羊是指从出生到脐带脱落这一时期。羔羊脐带一般是在出生后的第二天开始干燥，6天左右脱落，脐带干燥脱落的早晚与断脐的方法、气温及通风有关。初生羔羊的护理工作是羔羊生产的中心环节，要想提高羔羊成活率，除了做好怀孕母羊的饲养管理，使之产下健壮羔羊外，搞好羔羊饲养管理也是关键所在。

1. 清除口鼻腔黏液 羔羊产出后，迅速将口、鼻、耳中的黏液抠出，让母羊舔净羔羊身上的黏液。

2. 擦干羊体 让母羊舔干羔羊身上的黏液。如母羊不舔，可在羔羊身上撒些麸皮，引诱其舔干。其作用是：增进母子感情，获取催产素，以利胎衣排出。

3. 断脐 多数羔羊产出后可自行扯断，用5%的碘酊消毒脐带。未断时，可在距腹部5～10厘米处向腹部挤血后撕断，再用5%碘酊充分消毒（图5.10）。

4. 喂初乳 产羔完毕后，剪掉母羊乳房周围长毛，用温水或高锰酸钾消毒乳房并弃去最初几滴乳，待羔羊自行站立后，辅助其吃上初乳，以获得营养与免疫抗体。用0.1%高锰酸钾清洗母羊乳房，再用毛巾擦干。羔羊出生后30分钟内吃上初乳。

5. 称重 羔羊出生后应称其体重，并做记录。

6. 编号 羔羊出生后7天内，打耳号或耳标。

7. 记录备案 羔羊出生后及时登记备案。

8. 注射破伤风抗毒素 在羔羊出生12小时内注射破伤风抗毒素。

9. 断尾 绵羊羔羊出生后7天内，在第3、第4尾椎处采取结扎法进行断尾。

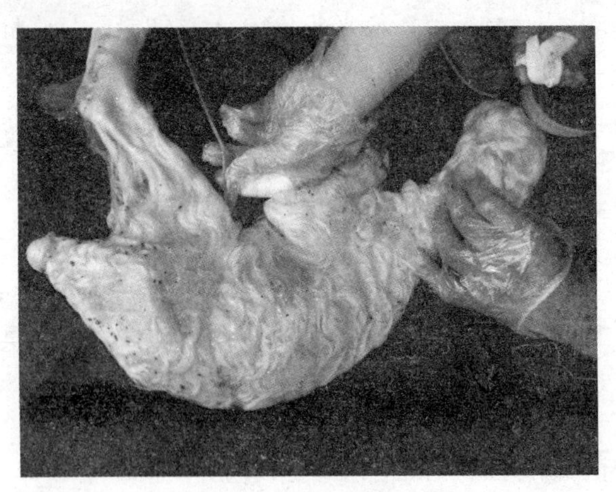

图5.10 羔羊断脐带

二、羔羊护理的注意事项

1. 分娩助产 分娩助产操作由繁殖技术员负责安排实施操作。计算预产期，在分娩前1周转入分娩栏。分娩前期禁止使用缩宫素。

2. 假死急救 首先要判定是否假死，通过羔羊的心跳和脐带回血可检测羔羊是假死还是已经死亡。对假死羔羊要采用以下程序处理：①保温；②清除口鼻腔黏液；③将羔羊浸在40℃左右温水中，同时进行人工呼吸，按拍胸部两侧，或向鼻孔吹气，使其复苏。

3. 其他 保证分娩栏的卫生消毒，产羔两只或以上的，及时给羔羊补喂人工奶。

三、羔羊的饲养方法

1. 初乳阶段（出生后7天内） 初乳期羔羊要尽量吃初乳，多吃初乳。羔羊至少每日早、中、晚各吃一次奶。同时，要做好肺炎、肠胃炎、脐带炎和羔羊痢疾的预防工作。

2. 常奶阶段（1 周龄至断奶前）　安排好羔羊的吃奶时间，最好让羔羊能在早、中、晚各吃一次奶。10 ~ 14 日龄开始训练采食。整个过程尽量将饲料配制成颗粒饲料让其自由采食（表 5.2）。

表 5.2　羔羊配合饲料配方（%）

配方	玉米	豆饼	麸皮	优质草粉	葡萄糖粉	预混料
1	44	32	12	3	1	8
2	43	30	12	6	1	8
3	42	28	12	9	1	8

3. 羔羊的断奶　羔羊精饲料日补饲超过 200 克，60 日即可实施断奶。

四、羔羊的管理方法

1. 产后护理　①去除黏液；②擦干羊体；③假死急救；④断脐，5% 碘酊消毒；⑤初乳，羔羊出生后 30 分钟内吃上初乳；⑥称重；⑦编号。

2. 鉴定、断尾和去势　初生羔羊的鉴定是对羔羊的初步挑选。尽可能较早知道种公羊的后裔测验结果，确定其种用价值。经初步鉴定，可把羔羊分为优、良、中、劣四级。挑选出来的优秀个体，可用母子群的饲养管理方式加强培育。

（1）编号：羔羊生后 7 天内，打耳号或耳标。

（2）断尾：绵羊羔出生后 10 天内，在第 3、第 4 尾椎处采取结扎法进行断尾。

（3）去势：非种用公羔，生后 1 ~ 2 周采取结扎或手术法进行去势。

3. 搞好棚圈卫生　凡羊舍过于狭小、脏、烂、阴暗潮湿、闷热不堪、通气不良，都可引起羔羊病的大量发生。所以必须做好棚圈卫生和对周围环境及用具的消毒。

4. 运动　羔羊初生到 20 天以前，可在运动场上或羊圈周围任其自由活动，20 天以后可组成羔羊群外出运动。每天不超过 4 小时，距离不超过 500 米。两个月以后每天可运动 6 小时左右，往返距离不超过 1000 米。要特别注意防止羔羊吃毛、吃土等。

5. 饮水 羔羊每天饮水 2 ~ 3 次，水槽内应经常有清洁的水，最好是井水，水温不宜低于 8℃。

6. 防疫 搞好防疫注射。

五、羔羊饲养管理的注意事项

（1）尽可能提早补饲。

（2）当羔羊习惯采食饲料后，所用的饲料要多样化、营养好、易消化。

（3）饲喂时要做到少喂勤添。

（4）要做到定时、定量、定点。

（5）保证饲槽和饮水的清洁、卫生。

六、羔羊常见病的防治技术

（一）初生羔羊假死

初生羔羊假死亦称新生羔羊窒息，其主要特征是刚产出的羔羊发生呼吸障碍，或无呼吸而仅有心跳，如抢救不及时，往往死亡。

及时进行接产，对初生羔羊精心护理。分娩过程中，如遇到胎儿在产道内停留较久，应及时进行助产，拉出胎儿。如果母羊有病，在分娩时应迅速助产，避免延误而发生窒息。

（二）胎粪停滞

胎粪是胎儿胃肠道分泌的黏液、脱落的上皮细胞、胆汁及吞咽的羊水经消化作用后，残余的废物积聚在肠道内所形成的。新生羔羊通常在生后数小时内就排出胎粪。如在生后一天不排出胎粪，或吮乳后新形成的粪便黏稠不易排出，新生羔羊便秘或胎粪停滞，此病主要发生在早期的初生羔羊，常见于绵羊羔。

怀孕后半期要加强母羊的饲养管理，补喂富含蛋白质、维生素及矿物质的饲料，使羔羊出生后吃到足够的初乳。要随时观察羔羊表现及排便情况，以便早期发现，及时治疗。

治疗可采用润滑肠道和促进肠道蠕动的方法，不宜给予轻泻剂，以免引起顽固性腹泻。必要时，可用手术排出粪块。如果羔羊有自体中毒现象，必须及时采取补液、强心、解毒及抗感染等治疗措施。

（三）羔羊痢疾

羔羊痢疾是初生羔羊的一种急性传染病（图5.11、图5.12）。其特征是持续下痢，以羔羊腹泻为主要特征的急性传染病，主要危害7日龄以内的羔羊，死亡率很高。其病原一类是厌气性羔羊痢疾，病原体为产气荚膜梭菌；另一类是非厌气性羔羊痢疾，病原体为大肠杆菌。

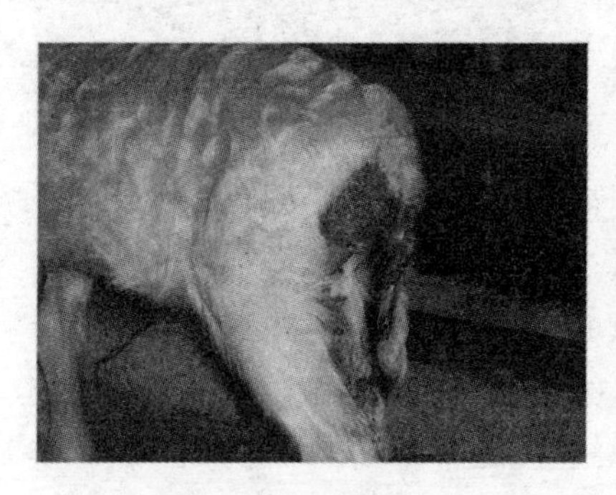

图5.11　羔羊痢疾（1）

图5.12　羔羊痢疾（黄色）（2）

预防应加强怀孕母羊及哺乳期母羊的饲养管理，保持怀孕母羊的良好体质，以便产出健壮的羔羊。做好接羔护羔工作，产羔前对产房做彻底消毒，可选用1%～2%的热氢氧化钠水溶液或20%～30%石灰水喷洒羊舍地面、墙壁及产房一切用具；冬春季节做好新生羔羊的保温工作。

也可进行药物或疫苗预防。刚分娩的羔羊留在家里饲养，可口服青霉素片，每天1～2片，连服4～5天；灌服土霉素，每次0.3克，连用3天。在羔羊痢疾常发生的地区，可用羔羊痢疾菌苗给妊娠母羊进行2次预防接种，第一次在产前25天，皮下注射2毫升；第二次在产前15天，皮下注射3毫升，可获得5个月的免疫期。

（四）羔羊肺炎

由于新生羔羊的呼吸系统在形态和功能上发育不足，神经反射尚未成熟，故最容易发生肺炎（图5.13、图5.14）。多在早春和晚秋天气多变的季节发生，病愈后的羔羊生长发育会受阻。

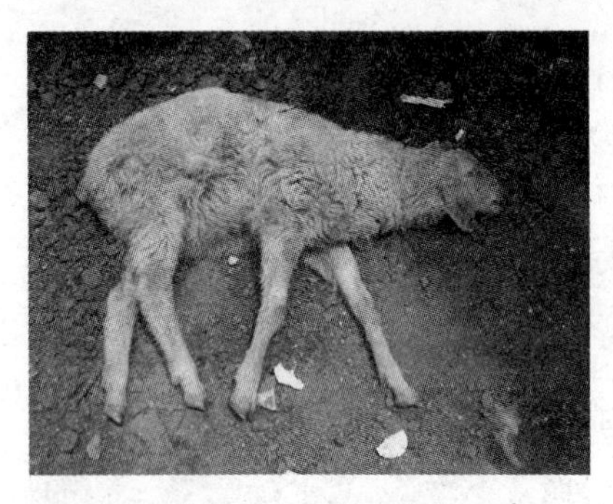

图5.13　羔羊肺炎

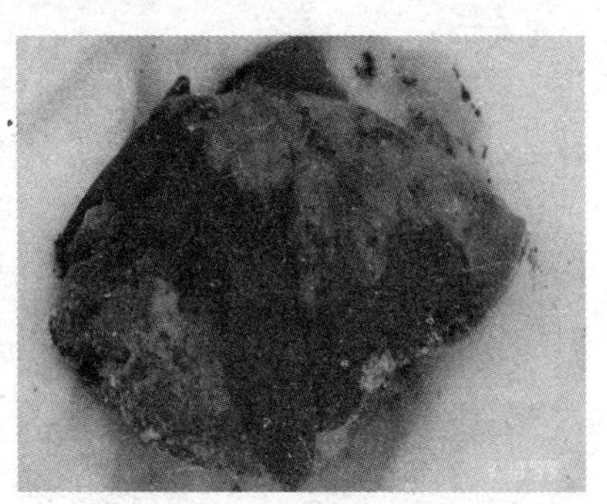

图5.14　羔羊肺炎病变

天气晴朗时，让羔羊在棚外活动，接受阳光照射，加强运动，增强对外界环境的适应能力，勤清除棚圈内的污物，更换垫草，使棚舍适当通风，保持空气新鲜、干燥。给羔羊喂奶时注意温度，务必使羔羊吃饱，增强其抵抗寒冷的能力。注意保温，喂给易于消化而营养丰富的饲料，给予充足的清洁饮水。注意怀孕母羊的饲养，供给充足的营养，特别是蛋白质、维生素和矿物质，以保证胎羊的发育，提高羔羊的产重。保证初乳及哺乳期奶量的充足供给。加强管理。减少同一羊舍内羔羊的密度，保证羊舍清洁卫生，注意夜间防寒保暖，避免贼风及过堂风的侵袭，尤其是天气突然变冷时，更应特别注意。当羔羊群中发生感冒较多时，应给全群羔羊服用磺胺甲基嘧啶，以预防继发肺炎。预防剂量可比治疗剂量稍小，一般连用3天，即有预防效果。

（五）羔羊感冒

母羊分娩时，断脐带后，擦干羔羊身上的黏液，用干净的麻袋片等物包好，把羔羊放在保温的暖舍内，卧床上要铺较多的柔软干草，以免羔羊受凉。因天气骤变，突然寒冷，舍内外温差过大或因羊舍防寒设备差，管理不当，受贼风侵袭，常引发羔羊感冒。

临床症状表现为体温升高到40～42℃，眼结膜潮红，羔羊精神萎靡，不爱吃奶，流浆液性鼻涕，咳嗽，呼吸促迫。

在气温寒冷的情况下，10日内的羔羊应暂不到舍外活动，以防感冒。羔羊患有感冒时，要加强护理，喂给易消化的新鲜青嫩草料，饮清洁的温水，防止再受寒。口服解热镇痛药，或注射安钠咖等针剂。为预防继发肺炎，应注射青霉素等抗生素药物。

（六）羔羊脐带炎

新生羔羊脐带炎是因新生羔羊脐带断端受细菌感染而引起脐血管及周围组织发生的一种炎症。细菌往往通过腹壁进入腹腔中所连接的组织发生炎症。实际上单纯的脐血管炎是很少存在的，脐炎常伴有邻近腹膜的炎症，甚至炎症可涉及膀胱圆韧带。

接产时对脐部要进行严格消毒。做好圈舍清洁卫生工作。在母羊产前搞好产前卫生，保持通风、干燥，勤换垫草。接羔时可用人工结扎脐带，以促其干燥、坏死、脱落，严格对脐带消毒。同时，要加强产羔舍卫生以及羔羊的护理，防止多数羔羊互相吸吮脐带。

脐部或周围组织发炎或脓肿时，涂擦5%碘酊和松节油的等量合剂。局部处理时，应用0.1%高锰酸钾溶液清洗局部，用5%碘酊消毒净化组织，撒布磺胺粉，敷料包扎，在脐孔周围皮下分点注射青霉素普鲁卡因注射液。

如脐内脐血管肿胀及周围有肿胀异常，应用外科手术刀切开排脓，并用过氧化氢、0.1%碘酊消毒。如体温升高时，肌内注射或静脉滴注抗生素。脐带坏死时，必须切除脐带残端，除去坏死组织，消毒洗净后，再涂碘酊。必要时可用硫酸粉或高锰酸钾粉腐蚀赘生肉芽。最后向创口撒布碘仿醚、磺胺粉。为控制感染，防止炎症扩散，应肌内注射抗生素。

青霉素、链霉素各50万单位/千克体重，肌内注射。磺胺嘧啶钠0.2克/千克体重，1次灌服，维持剂量减半，可连用5天。亦可用青霉素50万单位，0.25%普鲁卡因4毫升，溶解混合，腹腔注射。

（七）羔羊消化不良

羔羊消化不良是一种常见的消化道疾病。本病的特征主要是消化功能障碍和不同程度的腹泻。羔羊到2~3月龄以后，此病逐渐减少。

本病病因有：母羊饲养管理不当，新生羔羊吃不到初乳或吃初乳过晚，初乳品质过差；哺乳母羊患病，母乳中含有病理产物和病原微生物；母乳中维生素，特别是维生素A、维生素B、维生素C不足或缺乏；羔羊受寒或羊舍过潮，卫生条件差；人工给羔羊哺乳不能定时定量，后期给羔羊补饲不当等。

预防本病应注意改善卫生条件，清扫圈舍，将患病羔羊置于干燥、温暖、清洁的单独圈舍里，地面铺以干燥、清洁的垫草，圈舍里的温度应保持在12℃以上。母羊补喂营养丰富的青草和豆类饲料。羔羊出生后，应在1小时内让其尽量多吃初乳。母乳不足时，可补喂其他羊只的乳汁，少量多次。

（八）羔羊副伤寒

羔羊副伤寒的病原以都柏林沙门杆菌和鼠伤寒沙门杆菌为主。发病羔羊以急性败血症和下痢为主。

发现症状后，立刻严格隔离，以免扩大传染。同时给予容易消化的奶，可以加入开水，少量多次喂给。为了增强抵抗力，可以用初乳及酸乳进行饮食预防。给予较长时间、较大量的酸乳，可以使羔羊获得足够的免疫体和维生素A，并能促进生长发育和预防肠道细菌的危害。也可以在羔羊出生后1~2小时皮下注射母血5~10毫升进行预防。

（九）羔羊佝偻病

羔羊佝偻病又称为小羊骨软症，俗称弯腿症，是羔羊迅速生长时期的一种慢性维生素缺乏症（图5.15）。其特征为钙磷代谢紊乱，骨的形成不正常。严重时骨骼发生特殊变形。多发生在冬末春初季节，绵羊羔和山羊羔都可发生。

图5.15　羔羊佝偻病

改善和加强母羊的饲养管理，加强运动和放牧，应特别重视饲料中矿物质的平衡，多给青饲料，补喂骨粉，增加幼羔的日照时间。给母羊精饲料中加入骨粉和干苜蓿粉，可以防止羔羊发病。

（十）羔羊白肌病

羔羊白肌病也称肌营养不良症，是伴有骨骼肌和心肌变性，并发生运动障碍和急性心肌坏死的一种微量元素缺乏症（图 5.16）。常见于降水多的地区或灌溉地区，多发生于饲喂豆科牧草的羔羊、早期补饲的羔羊和高水平日粮的羔羊。常在 3 ~8 周龄急性发作。

加强母羊饲养管理，供给豆科牧草，母羊产羔前补硒。在母羊怀孕期间可一次性注射 0.1% 的亚硒酸钠 4 ~6 毫升，也可配合维生素 E 同时注射，每隔 15 ~30 天注射 1 次，共注射 2 ~3 次即可。含硒饲料、黄洛奇舔砖等也有效。初生后 5 ~7 日龄羔羊可全部进行预防性注射亚硒酸钠 1.5 毫升，隔 7 天注射 1 次，共注射 2 次，即可起到预防作用。

图 5.16 羔羊白肌病

有的羔羊病初不见异常，往往于放牧时由于受到刺激后剧烈运动或过度兴奋而突然死亡。该病常呈地方性同群发病，药物治疗不能控制病情。

（十一）羔羊口炎

羔羊口炎主要是因受到机械性的、物理性的、化学性的以及有毒物质及传染性因素的刺激、侵害和影响所致。

预防本病应消除病因，喂给柔软、营养好而容易消化的饲料。用 1% 盐水、0.2% 高锰酸钾或 2% ~3% 次氯酸钾洗涤口腔，然后涂抹碘甘油或甲紫，每日一次。如有溃疡，可先用 1% ~2% 硫酸铜涂抹溃疡表面，然后涂抹碘甘油。若维生素缺乏，可注射或口服维生素 B_1、维生素 B_2 或维生素 C。

（十二）羔羊破伤风

破伤风又称强直症，俗称锁口风、脐带风，是一种人畜共患的急性中毒性传染病（图 5.17）；其特征为全身或部分肌肉呈持续性痉挛和对外界刺激反应性增高。

本病是由破伤风梭菌经伤口感染引发的一种急性传染病，成年羊、幼羊都可感染。羔羊在断脐、去势、刻耳等操作过程中消毒不当而感染。破伤风梭菌是存在于土壤中的粗大杆菌，能形成芽孢，长期存活，所以四季均可发生。

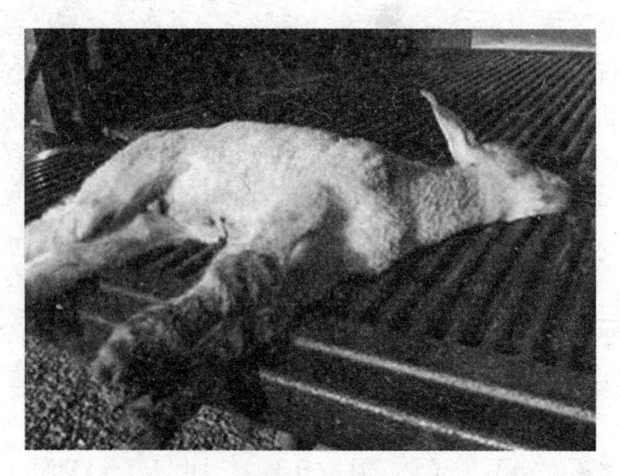

图 5.17　破伤风

预防伤口和断脐带用碘酊消毒；羔羊出生后 12 小时内，肌内注射破伤风抗毒素 1 500 单位。

第五节　肥育羊的饲养管理

羊的肥育主要有舍饲肥育和工厂化肥育生产。

一、肥育方式

（一）舍饲肥育

肥育羊在圈舍中，按饲养标准配制日粮，采用科学的饲养管理，是一种短期强度育肥方式。此法肥育期短、周转快、效果好、经济效益高，并且不分季节，可全年均衡供应羊肉产品。舍饲肥育主要用于组织肥羔生产，用以生产高档肥羔肉，也可根据生产季节，组织成年羊肥育。舍饲肥育期通常为60～80天。与相同月龄的放牧肥育羊相比，舍饲提高活重10%以上，胴体重高出20%。

舍饲肥育的基本要求是：精料占日粮的45%～60%，随着精料比例的增加，羊的肥育强度加大，在增大精料比例时应逐渐进行，以预防采食精料过多造成羊肠毒血症和因钙磷比例失调引起尿结石症。圈舍应保持干燥、通风、安静和卫生。

（二）工厂化肥育生产

工厂化肥育生产是指在人为控制的环境条件下，进行规模化、集约化、工艺化的养羊生产模式，具有生产周期短、自动化程度高、受外界环境因素影响小的特点。在工厂化肥育生产中，3月龄的羊体重可达周岁羊的50%，6月龄可达75%。

1. 肥育进度与强度 绵羊羔肥育时，一般细毛羔羊在8～8.5月龄结束，半细毛羔羊7～7.5月龄结束，肉用羔羊5～6月龄结束。若采用强度肥育，肥育期短，且可以获得高的增重效果，若采用放牧肥育，需延长肥育期，但生产成本较低。

2. 肥育准备 肥育前做好圈舍和饲草饲料的准备。舍饲、混合肥育均需要羊舍，羊舍要求冬暖夏凉、清洁卫生、平坦高燥，圈舍大小按每只羊占地面积0.8～1.0平方米计算。在中国北方地区应推广使用塑料暖棚养羊技术。肥育羊的饲料种类应多样化，尽量选用营养价值高、适口性好、易消化的饲料，主要包括精饲料、粗饲料、多汁饲料、青绿饲料，还需准备一定量的微量元素添加剂、维生素、抗生素添加剂以及食盐等，粉渣、酒糟、甜菜渣等加工副产品也可以适当选用。

3. 挑选肥育羊 根据市场销路和肥育条件，确定每次肥育羊的数量。肥育羊主要来源于自群繁殖和外地购入，收购来的羊当天不宜饲喂，只给予饮水和少量干草，让其安静休息。同期肥育羊根据瘦弱状况、性别、年龄、体重等分组，肥育前要进行驱虫、防疫。肥育开始后，观察羊只表现，及时挑出伤、病、弱羊只，给予治疗并改善管理条件。

二、饲喂方法

严格按饲养管理日程进行操作，肥育羊的日粮定额一般按每天2～3次定时定量添加，为防止羊抢食，且便于准确观察每只羊的采食情况，应训练羊在固定位置采食。羊舍内或运动场内应备有饮水设施，定时供给清洁饮水。

1. 羔羊早期肥育 从羔羊群中挑选体格较大，早熟性好的公羔作为肥育羊，以舍饲为主，肥育期一般为50～60天。3月龄后体重达到25～27千克的羔羊出栏上市，活重达不到此标准者继续饲养，通常在4月龄全部达到上市要求。

2. 断奶后羔羊肥育 从中国羊肉生产的总体形势看，正常断奶羔羊肥育是最普遍的生产方式，也是向工厂化高效羊生产过渡的主要途径。

（1）肥育前的准备：羔羊在断奶时势必承受母子分离、转群的环境变化、饲料条件等多方面的断奶应激。为减弱断奶应激，在转群和运输时应先将羊群集中，暂停供水供草，空腹一夜，第二天清晨称重后运出。在装、卸车过程中应注意小心操作，避免损伤羔羊四肢。驱赶转群时，每天的驱赶路程不超过15千米。

转群进入肥育场的第2～3周是羔羊肥育的关键时期，死亡损失较大。加大在转群前的补饲可降低损失。进入肥育圈后应减少对羔羊的人为惊扰，保证羔羊充分的休息和饮水，必要时可给羔羊提供营养补充剂。

转群后的羔羊一般都要进行驱虫，常用驱虫药为丙硫苯咪唑，同时进行羊四联、羊肠毒血症及羊痘疫苗的免疫。根据季节和气温情况适时剪毛，以利于羔羊生长。

转群后应按照羔羊体格大小合理分群，体格大的羔羊可适当优先给予精饲料型日粮，进行短期强度肥育，提早上市；体格较小的羔羊日粮中精饲料比例可适当降低。

（2）肥育技术要点：羔羊断奶后肥育是羊肉生产的主要方式。分为预饲期和正式肥育期两个阶段。

羔羊进入肥育期后，一般要有15天的预饲期以适应日粮的过渡。整个预饲期大致可分为三个阶段。第一阶段1～3天，只喂干草，让羔羊适应新的环境。第二阶段4～10天，仍以干草为基础日粮，逐步添加配合日粮，此阶段日粮含蛋白质13%、钙0.78%、磷0.24%，精饲料占36%，粗饲料占64%。第三阶段10～14天，从第11天起逐步用第三阶段日粮，第15天结束后，转入正式肥育期，日粮中含蛋白质12.2%、钙0.62%、磷0.26%，精粗比1:1。

预饲期间，平均每只羔羊应保证占有25～30厘米长的饲槽，以防止采食时拥挤。以日喂2次为宜，每次投料量以羔羊45分钟内能吃完为准。料不够时要及时添加，饲料过剩应及时清扫料槽以防饲料霉变。在采食时，饲养员要勤观察羔羊的采食行为和习惯，发现问题应及时调整。如果要加大饲喂量或变更饲料配方，饲料过渡期至少3天，切忌变换过快。

对体重大或体况好的断奶羔羊进行强度肥育，选用精饲料型日粮，经40～55天出栏体重达到48～50千克。日粮配方为玉米粒96%，蛋白质平衡剂4%，矿物质自由采食。

对体重小或体况差的断奶羔羊进行适度肥育，日粮以青贮玉米为主，青贮玉米可占日粮的67.5%～87.5%，肥育期在80天以上，日粮的喂量逐日增加，10～14天内达到正常饲喂量。

3. 成年羊肥育　按品种、活重和预期日增重等主要指标来确定肥育方式和日粮标准。

三、肥育羊注意事项

（一）搞好羊舍环境卫生

羊舍环境卫生的好坏与疫病的发生有密切关系。环境污秽，有利于病原体的滋生和疫病的传播，因此，羊舍、场地及用具应保持清洁、干燥，每天坚持清除圈舍、场地的粪便及污物，将粪便及污物堆积发酵，30天左右可作为肥料使用。要加强消毒工作，冬季每月消毒1次，春秋季每半月消毒1次，夏季每星期消毒1次。育肥前后均要空圈一段时间，并彻底消毒。消毒药品要按说明进行多品种交叉使用。常用的消毒药品有氢氧化钠、次氯酸钠、生石灰、过氧乙酸、高锰酸钾等。

（二）做好免疫接种

要有针对性、有组织地搞好疫苗的免疫接种，及时预防和控制传染病的发生。对口蹄疫、羊三联四防等疫苗按规程进行定期预防注射。免疫时应注意以下几点：①预防注射时要做好编号、登记工作，并有详细记录；②接种时注射器、针头先浸泡于消毒液中或煮沸消毒15分钟用生理盐水冲洗，冷却后方可使用；③每注射一只羊必须换一个针头，或一针一消毒，防止疾病交叉感染；④疫苗要严格按规定运输和储存。

（三）驱虫

羊寄生虫病极其普遍，如不定期驱虫可能导致羊生长延缓、消瘦等，重者可危及生命。肥育羊引进后首先口服左旋咪唑或丙硫咪唑驱虫，隔7～8天用阿维菌素驱虫，7～8天后再驱虫1次。肥育羊入栏后要用血虫净等药物1～2次，以预防附红细胞体病的发生。

四、肥育羊常见病防治

（一）酸中毒

本病见于由放牧或粗饲料日粮转为精饲料日粮，或日粮中精饲料由15%猛增到75%～85%时，瘤胃微生物吸收精料的同时，产酸过多、酸度大，杀死了瘤胃内的其他微生物，导致瘤胃内酸碱不平衡引起中毒。羔羊通常在进食大量精饲料后6～12小时出现症状，先抑郁、低头、垂耳、腹部不适，继而侧卧、不能起立，最后昏迷而死。羔羊染病时，叩击其瘤胃部位，有击水声，眼结膜充血。全病程只有进食后的24小时这一段时间。

发现有早期症状（抑郁、腹部不适），应灌服制酸剂（碳酸氢钠、碳酸镁等）。取450克制酸剂（最好再加等量活性炭）加4升温水，胃管灌服0.5升，再加10毫升青霉素一同灌服，可以减少产酸细菌。

羔羊进入肥育期，改换饲料不宜过快，应有一个适应期，让瘤胃微生物有时间自行调整。这时，肥育圈要宽敞些，不让羔羊发生抢食现象，对个别抢食的羔羊应移到小圈单喂。日粮中要添加一定量的碳酸氢钠，可以缩短改饲的适应期。

（二）肠毒血症（过食症）

肠毒血症是精料型肥育时的一大疾病，多见于采食快的羔羊。进食后发病快，骤然死亡。死羔侧卧，头后仰，鼻孔有血沫。发病1～2小时死亡。在出现第1个病例时对其他羔羊要严加观察。

本病一般表现为突发死亡，很难治疗。肥育期间应注意饲料更换不宜过快，防止抢食。注射肠毒血症类毒素2次，间隔2周，第2次注射时间要安排在改用精饲料型日粮的前2周。

（三）沙门杆菌病

羔羊一般通过粪便污染的草料、水源而感染此病。在正常情况下，羔羊感染后并不发病，可是一旦遇有应激刺激（断奶、装运、饲喂中断、拥挤等），导致羔羊抵抗力降低就易发病。发病初期表现拒食、抑郁，体温上升到41～42℃，腹部不适，弓背，泻水，严重脱水，1～5天死亡。全群出现少数几个病例后，传染速度较快。

隔离病羔，用抗生素治疗，或口服补液盐补充电解质，提供新鲜饮水。注意大群羔羊圈舍的清洁卫生和消毒工作，严防扩散。对羔羊避免应激刺激，转运途中不缺水不缺草，安排好休息，不拥挤，注意草料卫生。此病为人畜共患病，接触病羊后要洗手。

（四）肺炎

本病常见于羔羊夏秋季舍饲肥育的初期，受不同应激刺激（运输、拥挤、尘土、昼夜温差大、天气反常等）所致，病羔表现抑郁、拒食、离群、咳嗽、流涕，体温升高至41～42℃，眼有浑浊黏液。病愈后精神欠佳，恢复慢，影响增重。

对病羔加强护理，饲养在温暖、光亮、宽敞、干燥的圈舍内，多铺和勤换垫草。羔羊发病初期，可用青霉素、链霉素或卡那霉素肌内注射，青霉素1万～1.5万单位/千克体重、链霉素10毫克/千克体重、卡那霉素5~15毫克/千克体重，每天2次。

（五）尿结石

尿结石是多见于公羔的一种代谢性疾病，起因常为日粮高磷，钙磷比近1∶1。早期症状有不排尿、腹痛、不安、紧张、踢腹、多有排尿姿势，起卧不停、甩尾、离群、拒食。病程5~7天或更长。

根据不安、踢腹、后肢踏地、多有排尿姿势等症状可确诊。治疗时先停食24小时，口服氯化铵，30千克活重的羔羊每只每天7~10毫克，连服7天，必要时适当延长。日常饲养时注意：①配合日粮遵循2∶1的钙磷比；②食盐用量加大为1%~4%，刺激羔羊多饮水，减少结石的形成；③饮用足够的温水；④补给占精饲料2%的氯化铵，可以预防尿结石的形成，但有咳嗽多的副作用，有时可引发直肠脱出；⑤日粮中加入足量的维生素A。

（六）球虫病

球虫病是影响羔羊肥育的常见病，全群的发病率可高达50%，死亡率10%，病羔增重慢，饲料利用率低。一般在肥育开始的2~3周扩散到全群。病羔排出软粪，有时出现脱肛现象。

发现病羔，应隔离，用磺胺药治疗和补充电解质进行个别治疗，抗球虫药应遵医嘱使用。

第六节　羊的季节性饲养管理与疫病防治

一、春季羊的饲养管理与疫病防治

（一）春季的饲养管理及注意事项

春季雨水多，温、湿度适宜，细菌繁殖速度快，容易致羊发病，要特别注意。对羊栏内应勤除粪、勤换土、勤晒和勤换垫草，并不定期地用生石灰和草木灰对羊栏内吸潮消毒。羊外出放牧后，应将栏内门窗打开透风换气，排出栏内氨气、潮气，避免有害气体致羊的代谢功能减弱，妨碍羊体正常的血液循环和呼吸活动。羊放牧回舍后，应及时擦除羊体上的泥土，并特别注意对羊腿、羊蹄间泥土的清除，经常保持羊体的清洁卫生。另外，春季气温低，寒潮、冰冻对羊的健康威胁大，必须继续做好防寒保暖工作，确保羊的安全。春季给羊补喂的草料一般都是上年储存的，由于储存时间长，到春季使用时都有不同程度的霉变，羊食用后常会引起慢性或急性中毒。因此，要特别注意翻晒去霉或水洗去霉，避免羊病发生。有些幼嫩的豆科牧草以及其他杂草、树叶等春天萌发时，含有不同程度的有毒成分，放牧时常因羊贪青不易分辨有毒植物或采食青草过量，而发生有毒植物中毒或青草胀气（特别是初放牧的10天内），务必随时加以防范。

要随时观察羊群变化，对瘦弱和生长较慢的羊只要分群饲养，加喂精饲料，多喂含蛋白质丰富的精饲料以及多汁饲料，以利瘦弱羊只增膘复壮；草料要净，不喂发霉变质的草料，不饮沟湾和池塘死水，做到槽内无剩草、剩水；放牧时，防止羊只吃毒草引起中毒，一旦发现羊只中毒，要立即喂服甘草500克、滑石100克、白糖500克煎水解毒，或找兽医治疗；水槽内要经常贮有清洁饮水，供羊随时饮用，水中可加点食盐，但不宜过多。

圈舍要通风透光，并能遮挡日晒雨淋。圈床应高出地面20厘米以上，略倾斜，便于打扫粪尿。每天都要把圈中的粪草清除干净，且要铺垫细沙、黄土或软草，便于羊卧地休息。槽要吊在圈外，以便清理和防止羊在槽内拉屎排尿。春季要对圈舍、用具等进行一次大清扫、大消毒。圈舍消毒可选用2%热氢氧化钠水、30%热草木灰水、20%漂白粉水或20%石灰乳等。用具消毒可用0.1%消毒净、2%食碱液等。春季还应做好羊只的防疫注射和驱虫工作。

（二）春季常见病防治

1. 防急性胀气　因冬季舍饲时长期饲喂干草，羊在春季偶吃青草容易采食过量，青草在胃中急性发酵，产生大量气体，使羊的瘤胃膨大，若抢救不及时或抢救方法不当，会致羊死亡。抢救方法是：找一截柳树棍塞到羊嘴内。两端用绳子拴在羊头上，让羊咀嚼，同时用手按摩其左肋部，帮助排气。用新鲜的草木灰10～20克加50～100毫升植物油灌服。如上述方法都不见效，应请兽医进行穿孔放气。

2. 防中毒　羊吃了被农药污染的青草、有毒野菜等会导致中毒。

可先用刀刺破羊的耳缘，或让羊口含木棍，使毒液随唾液排出，然后灌服5个鸡蛋清，同时皮下注射阿托品2~5毫升。

3. 防感冒 春季忽冷忽热，天气多变，羊易感冒。对病羊可肌内注射氨基比林或安乃近5~10毫升、青霉素160万单位、链霉素50万单位。也可用生姜100克、葱两根切碎熬汤，加红糖50~100克灌服，1天2次，连服2天。

4. 防腹泻 羊在冬季大都单食干草，春季吃青草，肠胃不能适应，易腹泻。应将干草、青草搭配饲喂，使羊的肠胃有个逐渐适应的过程。发生腹泻后可给羊喂服庆大霉素治疗。

5. 防寄生虫病 春季，羊在放牧过程中饮塘水、吃脏草，易感染寄生虫病。所以，在春季的3~4月应给羊群驱虫。驱体内寄生虫可用左旋咪唑、丙硫咪唑、虫克星等，驱体外寄生虫可用敌百虫片加温水洗浴羊身，或用虱蚤杀无敌粉灭虫。

二、夏季羊的饲养管理与疫病防治

（一）夏季的饲养管理及注意事项

夏季气候炎热，对舍饲肥育羊来说，舍内温度过高，易患热射病，加之蚊蝇叮咬，一些传染病感染的机会有所上升，不利于舍饲肥育羊的增膘。因此，在夏季舍饲肥育羊应采取以下措施。

1. 遮阴防暑 羊为短日照动物，其生理功能都受日照变化的影响。夏季舍饲肥育羊应在四周通风的凉棚下进行饲喂、饮水和休息，避免闷热和太阳直晒。高温时羊为维持体温的恒定，可通过物理性调节和化学性调节方式来减少产热量，增加散热量。机体主要依靠蒸发散热，而羊舍的高湿环境使蒸发散热受阻，同时也削弱了辐射散热的效果。因为具有高能量的水汽也向机体释放辐射热，限制肥育羊机体的散热。因此，最好把羊圈在遮阴防暑的凉棚圈舍内饲养。对全封闭羊舍应打开所有门窗，以促进空气对流，必要时用电风扇进行换气和降温。

2. 注意羊舍环境卫生 羊舍内要保持干燥，每天及时清除羊舍内的粪尿，保持肥育羊舍环境卫生清洁，不受污染。如果饲养管理不善，羊舍卫生差时容易感染传染病和寄生虫病。新购准备肥育的羊时，要注意羊有没有佩戴畜禽标识，有没有取得动物检疫合格证明，还要看羊只是否健康。无畜禽标识、无动物检疫合格证明或不健康的羊不能买。在进行肥育前首先要制订预防疫病计划，根据本地羊群传染病流行情况选用羊梭菌五联疫苗、羊痘、口蹄疫灭活疫苗等进行预防接种。用阿维菌素、左旋咪唑等广谱驱虫药对羊只进行体内外驱杀寄生虫，并做好羊舍经常性的消毒工作。

（二）夏季常见病的防治

平时要注意防治疾病，根据当地羊病的流行特点，坚持“防重于治”的原则，有计划地对羊群进行药物预防和免疫接种，防止传染病和寄生虫病的发生。

夏季羔羊主要防治羔羊白痢、肺炎、消化不良和维生素 D 缺乏症；成年羊主要防治前胃疾病，平时防止过度采食和大量偷食豆类等饲料。夏季也是羊腐蹄病、中暑、蓝舌病的高发期。

1. 腐蹄病 炎热雨季，圈舍潮湿泥泞，易患此病。诱因则是草料中钙、磷不平衡，致使蹄部角质疏松；粪尿雨水浸泡后，局部组织软化，以及被石子、铁屑、玻璃碴等刺伤蹄部，均能致病。也有因蹄冠与角质层的裂缝而感染病菌。

病羊跛行，食欲降低，喜卧怕立，行走困难。用刀切割扩创后，蹄底的小孔或大洞中有污黑臭水流出，蹄间常有溃疡面，上覆盖着恶臭的坏死物；严重时，蹄壳腐烂变形，卧地不起，久卧形成压疮，还能引起全身败血症。

病羊应及时修整蹄部。如蹄叉腐烂，可用5% ~10% 的浓碘酊或1% ~2% 的高锰酸钾溶液涂洗；若蹄底软组织腐烂，要彻底扩创清洗，然后在蹄底孔或洞内用5% 硫酸铜粉或水杨酸粉填塞包扎，外面再涂上松馏油，也可用磺胺或一些抗生素软膏等。对急性病例还应该注意用青、链霉素以及广谱抗生素药物进行全身治疗。

注意喂给适量矿物质，及时清除圈舍中的积粪尿。在圈进门处要放置 10% 的硫酸铜溶液浸湿草袋。

2. 中暑 本病因在炎热的阳光下放牧，或关在通风不良、潮湿闷热的车厢或栏舍内而发生。

病羊病初精神不振，常常围着圈打转，四肢发抖，步态不稳，呼吸短促，眼结膜红并逐渐变为蓝紫色，体温升高到40～42℃。心跳快而弱，皮肤干热继而大量出汗，鼻孔流出泡沫状液体，心跳达100次/分以上，很快昏倒，昏倒时眼球闪动，如不及时抢救，则会很快死亡。

将病羊迅速转移到阴凉通风的地方，往头上浇淋冷水或凉水灌肠。注射安钠咖，大羊3～5毫升，给予食盐水饮用。必要时可投服清凉剂。

颈静脉放血80～100毫升后补液。可用5%糖盐水500毫升加入10%安钠咖4毫升。

纠正酸中毒，及时对症治疗。可静脉注射5%碳酸氢钠注射液50～100毫升。心脏衰弱及循环虚脱时，皮下注射5%硫酸苯异丙胺溶液20～40毫升。

主要预防措施是不在炎热的阳光下放牧。运输的车厢、羊舍要通风凉爽，多饮水，供给清凉多汁的饲料。

3. 蓝舌病 蓝舌病是反刍动物的一种病毒性传染病。其特征为：发热，口腔和胃肠道黏膜溃疡性变化，乳房和蹄冠上也常有病变，且常因蹄真皮层遭受侵害而发生跛行。患病动物为传染源，主要由媒介昆虫及库蠓传播，呈季节性流行。多发于湿热的夏季和早秋，特别是池塘、河流多的潮湿低洼地区易发此病。

该病一般潜伏期为10天。病初体温升高至40～42℃，高热稽留4～5天，精神委顿，厌食，呼吸及心跳加快。大量流涎，流鼻涕，双唇发生水肿，常蔓延至面颊、耳部，舌及口腔黏膜充血、发绀，出现瘀斑呈青紫色，严重者发生溃疡、糜烂，致使吞咽困难。继发感染进一步引起组织坏死，口腔恶臭，鼻腔有脓性分泌物，干涸后结痂于鼻孔周围，因而引起呼吸困难。鼻黏膜和鼻镜糜烂出血。有时蹄冠和蹄叶发炎，最初蹄热而痛，后见跛行、膝行或卧地不起，多由于并发肺炎或胃肠炎而死亡。山羊的症状与绵羊相似，但较轻，多呈良性经过。

目前尚无有效的治疗方法，主要是加强营养，精心护理，对症治疗。口腔用清水、食醋或0.1%的高锰酸钾水冲洗，再用1%～3%硫酸铜或碘甘油涂于糜烂面，或外用冰硼散治疗。蹄部患病时，可先用3%克辽林或3%来苏儿洗净，再用土霉素软膏涂抹。注射抗生素，预防继发感染。比较严重的病例可补液强心，5%糖盐水加10%安钠咖10毫升，每天1次静脉注射。

每年应注射鸡胚化弱毒疫苗或牛肾脏细胞致弱的组织苗，半岁以内的羊按说明用量皮下注射，10天后产生免疫力，免疫期1年。生产母羊应在配种前或怀孕后3个月内接种疫苗。发现病羊应及时扑杀，对场地和用具进行彻底消毒。提倡在高地放牧和羊群回圈过夜。

此外，眼病亦多发于炎热和温度较高的夏秋季节，传染很快，发病率可达90%～100%。治疗主要是1%～2%硼酸水冲洗眼部，四环素眼膏涂眼及青、链霉素治疗。

三、秋季羊的饲养管理与疫病防治

（一）秋季的饲养管理及注意事项

秋季牧草开花结籽，营养价值较高，是抓秋膘的良好时机，也是保证羊安全越冬和避免来年春乏的关键时期。因此，首先要保证母羊及时发情，保持中等以上膘情。秋季养羊要合理整群，增膘保胎。根据羊的年龄、性别、体质等情况进行合理调整。

母羊发情后要及时进行配种或进行人工授精，尽量做到全配全孕。对已怀孕的母羊，要加强管理，防流保胎。

春羔经秋肥后，如不留作种用，要及时趁秋肥时上市。凡久病不愈、体小瘦弱、生产性能低的羊只，也要在秋肥后淘汰。

秋季是收获的季节，百草成熟，营养丰富，但应强化免疫。尤其秋季是羊各种疾病多发和流行的高峰季节，可有计划地对羊快疫、结核病等开展免疫接种，以预防传染病的发生。

及时驱虫。羊的寄生虫分内、外寄生虫。驱除内寄生虫可选用丙硫苯咪唑，其具有高效、低毒、广谱的优点，对羊胃肠道线虫、肺丝虫、肝片吸虫和绦虫均有效，另外可同时驱除混合感染的多种寄生虫，用量7毫克/千克，将药物拌入饲料或溶于水中，一次给服，一般一次用药即可。驱除外寄生虫可选用0.1%～0.2%杀虫脒水溶液，或1%敌百虫水溶液等药物进行药浴，也可将羊放在大盆或大缸中逐只洗浴。

搞好消毒。对羊舍要勤打扫，保持舍内干燥清洁，定期用2%氢氧化钠溶液，或10%～15%生石灰水溶液，或3%来苏儿水溶液等对舍内（包括用具）地面，粪便、污水等进行定期消毒，消灭外界环境中的病原，防止疫病的发生。

忌喂露水草。俗话说：一场秋雨一场寒。入秋以后，天气逐渐转凉，清晨和傍晚草叶上常挂满露水珠，羊吃了这种草会引起瘤胃鼓胀。忌喂玉米棒上的软皮：玉米棒上收割下来的软皮，质软味甜，羊很喜欢吃，特别是饥饿时，常大口整片地吞咽，这是非常危险的。因为玉米棒软皮中含有大量粗纤维，韧性特别强，不易咀嚼和消化，常在羊的胃中积聚引起阻塞，时间长了会发酵、腐败、产气，并产生大量的有毒物质，导致羊机体酸中毒死亡。

（二）秋季常见病的防治

1. 羊快疫　该病是腐败梭菌感染引起的以羊突然死亡为主要特征的急性传染病。有时病羊来不及表现症状就迅速死亡，有的病羊独立一处，卧地，磨牙，排黑色稀粪，有疝疼表现，最后痉挛而死。尸体剖检呈败血症变化，真胃呈出血性炎症变化，尤其胃底和幽门附近的黏膜有大小不等的出血斑块，表面坏死。

因本病发病突然，几乎没有治疗时间，临床上以免疫预防为主，常用的疫苗是羊快疫、羊猝疽、羊肠毒血症三联苗或羊快疫、羊猝疽、羊肠毒血症、羔羊痢疾、羊黑疫五联苗。治疗以皮下注射5毫升，2周后产生免疫力，保护期半年以上。

2. 羊肠毒血症、羊猝疽、羊黑疫　羊肠毒血症由D型魏氏梭菌引起，羊猝疽由C型魏氏梭菌引起，羊黑疫由B型诺维氏梭菌引起。羊猝疽的病程短促，极少能见到症状，有时在放牧过程中会突然发病，尖叫数声，猛地跳起，倒地即死。羊肠毒血症也叫软肾病，病羊有时症状与羊猝疽十分相似，也是突然发病，跳跃后跌倒，全身痉挛，数分钟死亡。但有病程稍长者，可见病羊表现不安，抽搐，磨牙，流涎，倒地前四肢强烈划动，有的伴发腹泻，排黑色或深绿色稀粪，常于2～4天内死亡。羊黑疫也多是突然死亡，但有病程拖至1～2天者，症状为呼吸困难，流涎，体温升高至41.5℃左右，最后昏睡呈俯卧状态死去。

从症状上看，这3种传染病不易区分，但尸体剖检后可鉴别。羊肠毒血症主要病变在肾脏和小肠，肾脏表面充血，松软如烂泥状，稍按压即可破碎。小肠充血、出血，整个肠壁呈红色。羊猝疽病变主要集中在消化道和循环系统，十二指肠、空肠黏膜严重充血、糜烂或溃疡，胸腔、腹腔、心包内有大量积液，剖开后暴露在空气中，可形成纤维素性絮状凝块。羊黑疫特征性病变是肝脏的坏死性变化，肝表面有散在的凝固性坏死灶，坏死灶界线清晰，呈灰黄色，周围有一层鲜红色的充血带，坏死灶直径一般为2～3厘米；典型特征是尸体皮肤呈暗黑色。羊肠毒血症、羊猝疽、羊黑疫同羊快疫，发病迅速，往往来不及治疗即死亡。对少数病程缓慢的病羊，若及早使用抗生素和肠道消毒剂，并给予强心、输液、解毒等疗法，有治愈的希望。最好是提前使用三联苗或五联苗接种预防。

3. 传染性胸膜肺炎　该病是霉形体引起的山羊特有的接触性传染病。3岁以下的奶山羊较易感染，多发生在山区。病羊主要表现为高热，达41～42℃，精神沉郁，食欲废绝，不久即出现肺炎症状。呼吸困难，渐次流出浆液性、黏液性鼻液，有的会流出脓性鼻液，鼻液常附着在鼻孔周围，继而出现胸膜炎变化，按压胸壁敏感疼痛，听诊出现湿啰音、支气管呼吸音和摩擦音，叩诊出现浊音区。病羊多在7～10天死亡，濒死期体温下降到常温以下。耐过后不死的转为慢性，症状不再明显，仅表现为瘦弱，间或有咳嗽或腹泻现象。若饲养管理不好，气候突变或其他因素而使机体抵抗力下降时，可使病情迅速恶化，甚至引起死亡。

本病可通过接种山羊传染性胸膜肺炎氢氧化铝菌苗预防，6个月以下的山羊3毫升，6个月以上5毫升，注射后14天可产生免疫力，免疫保护期为1年。对病羊可使用土霉素、四环素、卡那霉素等进行治疗，连用5～7天，可取得一定疗效。

4. 传染性脓疱 本病以烂嘴为主要特征，在放牧的羊群中传染特别快。病羊采食过的草地再被其他羊采食，即会迅速蔓延。病羊口角或上唇出现小结节，然后形成水疱或脓疱，后期破溃形成溃疡面。严重病例，在齿龈、颊部、舌部、软腭黏膜也可见到病变。

发现病情后，应停止放牧，隔离病羊，将羊舍清理干净后用癸甲溴铵消毒液稀释后带羊彻底消毒。除去口腔或舌唇上的尖刺异物后，用1%～2%盐水或0.1%高锰酸钾溶液冲洗口腔。冲洗时，可用手或开口器打开口腔，然后用手撩起或用干净纱布蘸取盐水或高锰酸钾溶液擦洗口腔黏膜、舌体、齿龈、口唇。如果流涎较多，可用2%明矾水冲洗。

可将10份磺胺粉，配合2～3份明矾，制成“磺胺明矾合剂”，装入纱布袋中，把袋的两端拴上绳子，将药袋塞进病羊的口腔中，将绳子在羊的脑后打结。每天换一次药袋，喂饮时解下。

四、冬季羊的饲养管理与疫病防治

（一）冬季的饲养管理及注意事项

1. 备足草料 备足越冬草料，给羊补饲至关重要。此外，还应准备一些精饲料，增强补饲效果。

2. 适时组群 进入冬季前，羊群要进行组群。除对老弱羊进行适当的淘汰外，要按羊的营养状况进行组群。另外，常有不少母羊在越冬期间产羔，应在母羊产羔前将其移入产羔室单独护理。初生羔羊经过一段时间的吃乳和适时训练后，要单独组织羔羊群，避免其随大群羊远距离放牧，可由专人负责，让羔羊群近距离放牧运动。母羊回圈后要赶入羔羊圈，不可与成年羊群同圈饲养。

3. 防寒保暖 入冬前对圈舍进行一次检查，修补漏洞，防止穿堂风和雨雪袭入，保证圈内温暖干燥。寒潮来时，应加厚垫草。此外，千万不能在羊圈内燃火升温，以防羊只因烟熏而患肺炎。

4. 做好卫生防疫 冬季要经常检查羊的圈舍，保持圈舍、垫料、饮水、草料的清洁卫生，必要时对圈舍进行彻底消毒。同时，养羊户要学会预防和治疗羊的主要疾病，抓好防疫工作。在初冬季节，羊身上易长羊虱，一旦发现，可用菜籽油、煤油混合在一起涂在患处，每天3～5次，连续3～4天；也可取生猪油100克、生姜150克混合捣烂涂擦羊体患处，1～2次即可消除羊虱。

5. 加强饲养管理

（1）根据不同的生理时期和生产需要分群饲养，羊群保持合理结构。

（2）调整日粮结构，保证羊只正常生长发育的需要。精饲料中要注意维生素和矿物质微量元素的添加，补足食盐或设盐砖让羊自由舔食，并饮足温水，千万不要饮用冷水或冰碴水；对怀孕母羊、有配种任务的种公羊和羔羊最好添加白萝卜、胡萝卜、甘薯等青绿多汁饲料。

（3）羊舍要保持干燥卫生，注意保暖和通风，防止贼风的侵入，场地、用具等要经常消毒。水槽、料槽要常清理，保持清洁卫生，防止二氧化碳、氨气等有害气体浓度过高。加强运动，最好每天中午前后将羊赶到舍外活动，进行日光浴及呼吸新鲜空气。

6. 健全防疫和驱虫制度　许多农户对羊的防疫灭病意识淡薄，认为羊的抗病能力强，防疫没有必要，驱虫白花钱，以致许多传染病和寄生虫病有机可乘，造成不必要的经济损失。要根据当地的实际情况，制定比较完善合理的防疫程序，有计划地进行防疫，常用疫苗有羊三联四防苗、羊痘苗、传染性胸膜肺炎疫苗等。所用疫苗要正规厂家生产的，要严格按照药品的使用说明进行注射，还要注意药品的保质期和运输要求，并注意当地流行的传染病的预防接种。用广谱驱虫药进行有计划的驱虫，推广肌内注射或皮下注射代替口服药物驱虫。另外，避免到疫区引种，以免带来外源性疾病，造成传染病的发生和传播。

（二）冬季常见病的防治

冬季天气寒冷，昼夜温差大，牧草枯黄，营养价值较低，而且大多数母羊已妊娠，很容易引起一些羊病的发生和传播，对羊的生长发育产生较大影响，给养羊者造成经济损失。

1. 前胃疾病

（1）前胃弛缓：由各种原因导致前胃神经兴奋性降低，肌肉收缩力减弱，瘤胃内容物运转缓慢，微生物区系失调，产生大量发酵和腐败物质，引起消化障碍，食欲、反刍减退，乃至全身功能紊乱。冬季多因羊只采食大量不易消化的秸秆，变质的青贮、青干草，饲料、带冰碴的饲草等而引起。

该病临床特征为反刍减少、呼吸短促、无力，时而嗳气并带酸臭味。瘤胃蠕动音减弱，蠕动次数减少，瓣胃蠕动音微弱。粪便干硬、色暗、被覆黏液等。

治疗原则是除去病因，即立即停止饲喂发霉变质的饲料，加强饲养管理，加强护理，增强前胃功能，改善瘤胃环境，恢复正常的微生物区系，防止脱水和自体中毒。病初禁食1~2天，给予充足的饮水，饲喂易消化的青干草，轻症病例1~2天可自愈。

重症病例先禁食1~2天，每天人工按摩瘤胃数次，每次10~20分钟，并给予少量易消化的饲料，当瘤胃内容物多时，可投服缓泻剂，如服石蜡油或硫酸镁等。为加强胃肠蠕动，恢复胃肠功能，可施用瘤胃兴奋剂，病初分别选用10%氢氧化钠溶液静脉注射，还可内服吐酒石、番木别酊等前胃兴奋剂；防止酸中毒，可加服碳酸氢钠；后期选用各种健胃剂，如灌服人工盐或用大蒜酊、龙胆末、豆蔻酊，加水适量一次内服，以便尽快恢复食欲。

（2）瘤胃积食：瘤胃充满多量饲料，超过了正常容积，致使胃体积增大，胃壁扩张，食糜滞留在瘤胃引起严重消化不良。该病临床特征为反刍、嗳气停止，瘤胃坚实，疝痛，瘤胃蠕动极弱或消失。冬季常因羊吃了过多的质量不良、硬易膨胀的谷物饲料及块根类、豆饼、霉败饲料等，或采食干料而饮水不足、饮水过冷等引起。当过食谷物引起瘤胃积食发生酸中毒和胃炎时，精神极度沉郁，瘤胃松软积液，手触击有拍水感，病羊喜卧，腹部紧张度降低，有的视觉扰乱，盲目运动。

治疗主要采用消导下泻，用石蜡油、人工盐或硫酸镁、芳香氨酯，加水灌服。解除酸中毒，用5%碳酸氢钠、5%葡萄糖静脉注射；

为防止酸中毒继续恶化，可用2%石灰水洗胃。心脏衰弱时，可用10%樟脑磺酸钠静脉或肌内注射。呼吸系统和血液循环系统衰竭时，可用尼可刹米注射液肌内注射。也可试用中药大承气汤，对种羊若推断药物治疗效果较差，宜迅速进行瘤胃切开抢救。

2. 传染性疾病

（1）山羊传染性胸膜肺炎：俗称“烂肺病”，是由丝状霉形体引起的山羊特有的高度接触性传染病。以高热、咳嗽、肺和胸膜发生浆液性和纤维蛋白性炎症为特征。冬季多因通风不良、羊只瘦弱、营养缺乏以及寒冷潮湿、羊群拥挤等诱发此病。该病冬季多呈急性经过，病初体温升高，精神委顿。继之咳嗽、流浆液至脓性鼻涕，呈铁锈色。多在一侧出现支气管肺炎变化，叩诊肺部有浊音及实音区。听诊出现支气管呼吸音及摩擦音，按压胸壁有疼痛感，最后卧地不起，头颈伸直。急性病例不超过5天，一般病程7～15天。死亡率60%～93.8%。使用新砷凡纳明“914”治疗有效，也可试用磺胺嘧啶钠皮下注射。还可用土霉素等口服治疗。

（2）羊肠毒血症（软肾病）：是一种急性毒血症，由D型魏氏梭菌在羊肠道中大量繁殖，产生毒素引起，死后肾脏易软化。多发于膘情较好、1岁以下的幼龄羊，冬初比较多见，山羊较少感染。常因吃了过量青草、青绿饲料或精饲料，运动不足诱发。

治疗可用氯霉素肌内注射或青霉素、链霉素肌内注射；病程较长的羊用免疫血清或口服碘胺胍等。

（3）羔羊痢疾：是初生羔羊的一种急性毒血症，以剧烈腹泻和小肠发生溃疡病为特征，主要危害7日龄以内的羔羊，常致羔羊大批死亡。在羔羊体弱、哺乳饥饱不均，气候寒冷，特别是大风雨雪后羔羊受冻时，易感染此病。传播途径主要是消化道，或通过脐带创伤传播。

治疗病羔可灌服土霉素，再加胃蛋白酶，每天2次。或磺胺脒、鞣酸蛋白、次硝酸铋、小苏打适量水混合服用，每天3次。腹泻脱水羔羊，每天补液1～2次，口服补液盐或静脉注射5%葡萄糖生理盐水。

（4）感冒：多因气候剧变机体受凉后抵抗力降低而引起。表现症状为鼻流清涕、结膜潮红、舌面发白、耳鼻发凉、四肢站立不稳，体温升高至40～42℃。治疗可肌内注射安乃近、青霉素，每天1～2次，连用3天；也可用生姜200克、大葱250克、茅草根100克，水煎一次灌服。

3. 营养性疾病 冬季由于天气寒冷、光照较少，羊维持体能需要的能量增加，而寒冬属枯草季节，青绿多汁饲料很少，羊只大多饲喂秸秆、干树叶等粗饲料，添加精饲料较少，营养价值较低，此时母羊多数已妊娠，对营养要求较高，容易发生羔羊白肌病、佝偻病、羊食毛症（异食癖）等一些营养性疾病。发现这些营养性疾病要及时找出发病原因，对症治疗，加强饲养管理。

第六章 规模羊场生物安全措施

生物安全措施就是为阻断致病病原（病毒、细菌、真菌、寄生虫）侵入畜（禽）群体、为保证畜禽等动物健康安全而采取的一系列疫病综合防范措施，是较经济、有效的疫病控制手段。生物安全体系主要着眼于为畜禽生长提供一个舒适的生活环境，从而提高畜禽机体的抵抗力，同时尽可能地使畜禽远离病原体的攻击。目前，生物安全体系总体包括环境、投入品的监控、兽医卫生防疫等方面。

第一节 羊场隔离设施设备

一、主要隔离设施

没有良好的隔离消毒设施就难以保证有效的隔离和卫生，设置隔离消毒设施会加大投入，但减少疾病发生带来的收益将是长期的，要远远超过投入。隔离消毒设施主要包括隔离墙（或防疫沟）、消毒池、消毒室（详见第三章）等。

二、兽医室

兽医室通常设在隔离区，包括兽药保存室和准备操作室。在建设时，兽药保存室和准备操作室尽量靠近。要求房屋布局合理，通风、采光良好，便于各种操作；室内具有上下水管道和设施；具有能够承受一定负荷的电源；房屋内墙、地板应防水，便于消毒；操作台面要防水及耐酸、碱、有机溶剂等（图 6. 1）。

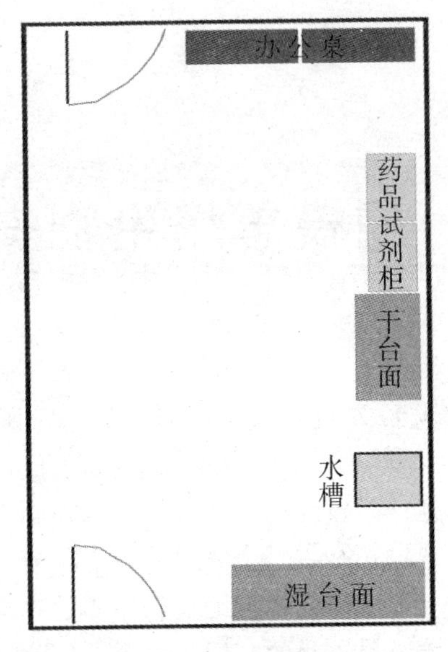

图6.1 兽医室布局图

兽药保存室主要用于药品的存放，必须配备冰箱等低温和冷冻保存设备（图6.2）。5 000只肉羊按15～20平方米面积建造，尽量密闭，要有温度、湿度等控制设施。

准备操作室（图6.3）可根据养殖规模决定。5 000只以上羊养殖场，准备操作室可设置剖检间、样品保藏间、病原和血清检测间、洗涤消毒间、档案间等，每间建筑面积按10～20平方米建造。5 000只以下肉羊养殖场，可在一间准备操作室内设置各个分区，建筑面积按10～30平方米建造。

准备操作室必须配备的仪器设备有普通冰箱、冰柜、生物显微镜、高压灭菌器、消毒柜、手术器械及产科设备。选择配备酶标检测系统、培养箱、纯水生产系统、酸度计、水浴锅、电子天平、移液器等。

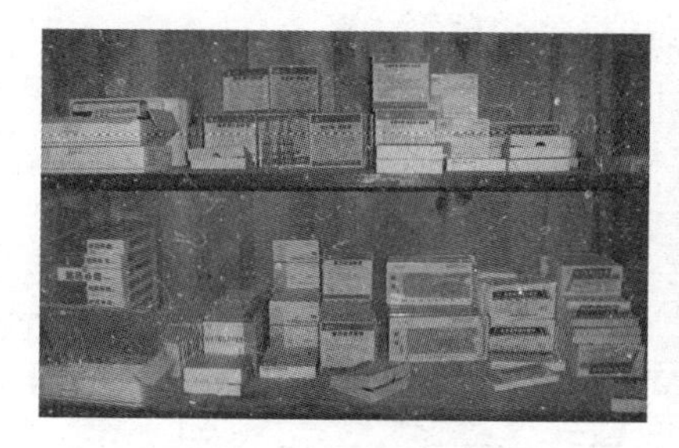

图 6.2　兽药保存室

图 6.3　准备操作室

三、药浴设备

（一）药浴池

为了防治疥癣等外寄生虫病，每年要定期给羊群药浴。没有淋药装置或流动式药浴设备的羊场，应在不对人、畜、水源、环境造成污染的地点建药浴池。药浴池一般为长方形水沟状，用水泥筑成，池深0.8～1米，长5～10米，上口宽0.6～0.8米，底宽0.4～0.6米，以单羊通过而不能转身为宜。池的入口端为陡坡，方便羊只迅速入池。出口端为台阶式缓坡，以便浴后羊只攀登（图6.4～图6.6）。

入口端设漏斗形贮羊圈，也可用活动围栏。出口设滴流台，以使浴后羊身上多余药液流回池内。池内药液量应不能淹没羊的头部。贮羊圈和滴流台大小可根据羊只数量确定。但必须用水泥浇筑地面。在药浴池旁安装炉灶，以便烧水配药。在药浴池附近应有水源。

图 6.4　羊场药浴池

农户小型羊场药浴池一般可修建在羊舍周围，长 1～1.2 米，宽 0.6～0.8 米，深 0.8 米。先按设计尺寸挖一个长方形坑，底部和四周分别用石板平铺，然后用水泥抹缝，也可用砖或碎石料铺底砌墙，用砂浆抹面。

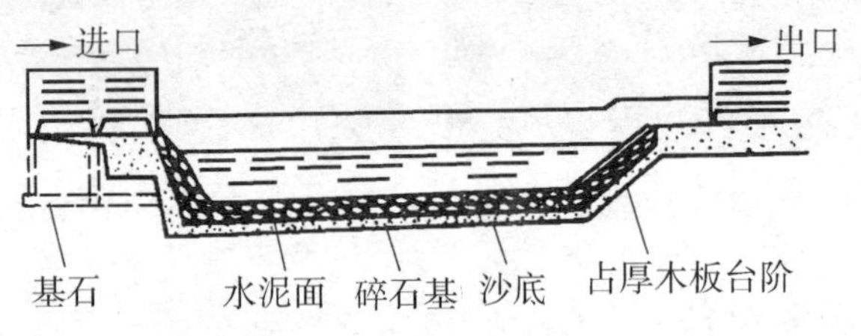

图 6.5　药浴池纵剖面

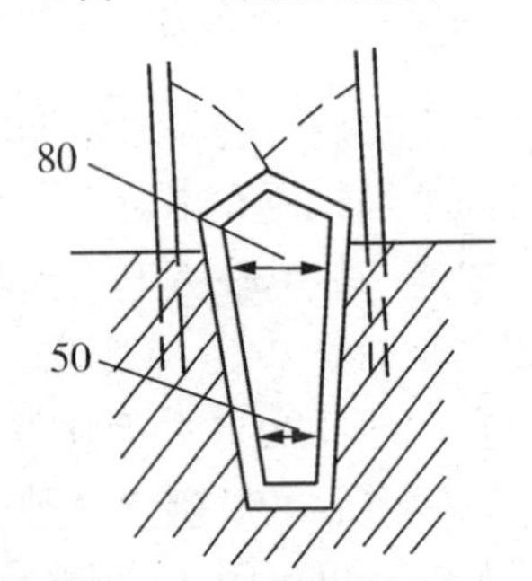

图 6.6　药浴池横剖面（单位：厘米）

（二）中、小型药浴槽、浴桶、浴缸

小型药浴槽容量约为 1 400 升，可同时让 2 只成年羊（小羊 3～4 只）一起药浴，并可用门的开闭来调节入浴时间。这种类型适宜小型羊场使用（图 6.7）。

（三）帆布药浴池

帆布药浴池是用防水性能良好的帆布加工制作而成。药浴池为直角梯形，上边长 3.0 米、下边长 2.0 米，深 1.2 米、宽 0.7 米，外侧固定套环。安装前按浴池的大小形状挖一土坑。然后放入帆布药浴池，四边的套环用铁钉固定，加入药液即可进行工作。用后洗净、晒干，以后再用。这种设备体积小而轻便，可以反复使用。

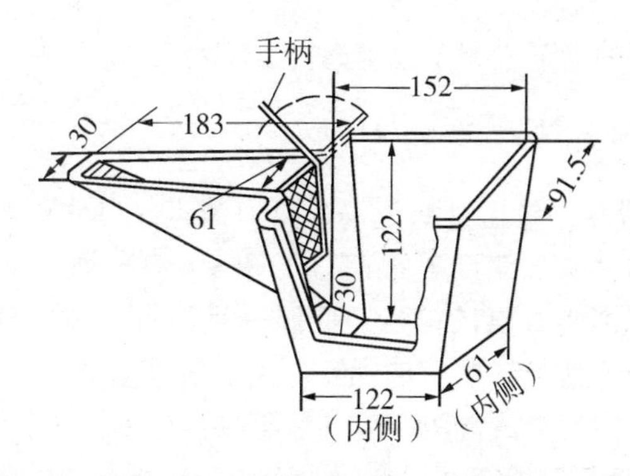

图 6.7　小型药浴槽（单位：厘米）

（四）淋浴式药淋装置

中国近年来研制的 9AL－8 型药淋装置，通过机械对羊群进行药淋。该药淋装置由机械和建筑两部分组成，圆形淋场直径为 8 米，可同时容纳 250～300 只羊药浴。

第二节　羊场的消毒

消毒是指运用各种方法消除或杀灭饲养环境中的各类病原体，减少病原体对环境的污染，切断疾病的传染途径，达到防止疾病发生、蔓延，进而达到控制和消灭传染病的目的。消毒主要是针对病原微生物和其他有害微生物，并不是消除或杀灭所有的微生物，只是要求把有害微生物的数量减少到无害化程度。

一、消毒类型

1. 疫源地消毒　是指对存在或曾经存在过传染病的场所进行的消毒。场所主要指被病原微生物感染的羊群及其生存的环境，如羊群、肉羊舍、用具等。一般可分为随时消毒和终末消毒两种。

2. 预防性消毒　对健康或隐性感染的羊群，在没有被发现有传染病或其他疾病时，对可能受到某种病原微生物感染的羊群的场所环境、用具等进行的消毒，称为预防性消毒。对养羊场附属部门如门卫室、兽医室等的消毒也属于此类型。

二、消毒方法

1. 物理消毒 包括过滤消毒、热力消毒（其中干热消毒和灭菌有焚烧、烧灼、红外线照射灭菌、干烤灭菌等；湿热消毒有煮沸消毒、流通蒸汽消毒、巴氏消毒、低温蒸汽消毒、高压蒸汽灭菌等）、辐射消毒（包括紫外线照射消毒、电离辐射灭菌等）。常用的是热力消毒，其中煮沸消毒最常用，优点是简便、可靠、安全、经济。其中常压蒸汽消毒是在101.325千帕（1个大气压下），用100℃的水蒸气进行的消毒；高压蒸汽消毒具有灭菌速度快、效果可靠、穿透力强等特点；巴氏消毒主要用于不耐高温的物品，一般温度控制在60～80℃，如牛奶类温度控制在62.8～65.6℃，血清56℃，疫苗56～60℃。

2. 化学消毒 指用于杀灭或消除外界环境中病原微生物或其他有害微生物的化学药品。所使用的消毒剂按消毒程度可分为高效、中效、低效消毒剂3种。若按消毒剂的化学结构可分为醛类、酚类、醇类、季铵盐类、氧化剂类、烷基化气体类、含碘化合物类、双胍类、酸类、酯类、含氯化合物类、重金属盐类以及其他消毒剂等。常用的消毒剂有氢氧化钠、福尔马林、克辽林（臭药水）、来苏儿（煤酚皂溶液）、漂白粉、新洁尔灭等。复合消毒剂有美国生产的农福（复合酚），国产的有菌毒杀、复合酚、菌毒净、菌毒灭、杀特灵等。

3. 生物消毒 生物消毒是利用某种生物杀灭或消除病原微生物的方法。发酵是消毒粪便和垃圾最常用的消毒方法。发酵消毒可分为地面泥封堆肥发酵法和坑式堆肥发酵法两种。

4. 常用的消毒方法 主要有喷雾消毒，即用规定浓度的次氯酸盐、有机碘化合物、过氧乙酸、新洁尔灭、煤酚等，进行羊舍消毒、带羊环境消毒、羊场道路和周围以及进入场区的车辆消毒；浸液消毒即用规定浓度的新洁尔灭、有机碘混合物或煤酚的水溶液，洗手、洗工作服或对胶靴进行消毒；熏蒸消毒是指用甲醛等对饲喂用具和器械，在密闭的室内或容器内进行熏蒸；喷洒消毒是指在羊舍周围、入口、产房和羊床下面撒生石灰或氢氧化钠进行的消毒；紫外线消毒系指在人员入口处设立消毒室，在天花板上，离地面2.5米左右安装紫外线灯，通常6~15立方米用1支15瓦紫外线灯。用紫外线灯对污染物表面消毒时，灯管距污染物表面不宜超过1.0米，时间30分钟左右，消毒有效区为灯管周围1.5~2.0米。

三、消毒药物的选择

消毒剂选择要求对人和羊安全、无残留，不对设备造成破坏，不会在羊体内产生有害积累。可选用的消毒剂有石炭酸（酚）、煤酚、双酚、次氯酸盐、有机碘混合物（碘伏）、过氧乙酸、生石灰、氢氧化钠、高锰酸钾、硫酸铜、新洁尔灭、松油、酒精和来苏儿等。

羊场常用消毒药物见表6.1。

表6.1　羊场常用消毒药物表

名称		常用浓度	用途
酒精		75%	用于皮肤、手臂等消毒，主要用于工作人员
碘酊（或碘伏）		5%	注射时羊体、皮肤的直接涂擦消毒
煤酚皂（来苏儿）		3%~5%	料槽、用具、洗手消毒
新洁尔灭		0.1%	器械用具的消毒
		0.5%~1%	手术的局部消毒
碱类消毒药	氢氧化钠（火碱）	1%~2%	发生疫病时场地、用具（金属用具除外）的消毒
	碳酸钠（纯碱）	4%	用于衣物、用具、羊舍、场所消毒
	石灰乳（1:1）（生石灰加水）	10%~20%	用于羊舍墙壁、地面消毒
	草木灰（农家烧柴草的白灰）	20%~30%	用于羊舍、料槽、用具消毒
强氧化剂	过氧乙酸	0.2%~0.5%	对栏舍、饲料槽、用具、车辆、食品车间地面及墙壁进行喷雾消毒
	高锰酸钾	0.1%	肠道疾病
		0.5%	皮肤、黏膜和创伤消毒
		4%	饲料槽及用具消毒
有机氯消毒剂	消特灵、菌素净及漂白粉等		栏舍、栏槽及车辆等的消毒

续表

名　称	常用浓度	用　途
复合酚，又名消毒灵、农乐等		主要用于栏舍、设备器械、场地的消毒，药效可维持5~7天
双链季铵酸盐类消毒药：百毒杀		药效持续时间约为10天，适合于饲养场地、栏舍、用具、饮水器、车辆的消毒

四、消毒措施

1. 常规消毒管理

（1）清扫与洗刷：为了避免尘土及微生物飞扬，先用水或消毒液喷洒，然后再清扫。主要任务是清除粪便、垫料、剩余饲料、灰尘及墙壁和顶棚上的蜘蛛网、尘土等。

（2）肉羊舍消毒：消毒液的用量为1升/米^3，泥土地面、运动场为1.5升/米^{3}左右。消毒顺序一般从离门远处开始，以墙壁、顶棚、地面的顺序喷洒一遍，再从内向外将地面重复喷洒1次，关闭门窗2~3小时，然后打开门窗通风换气，再用清水清洗饲槽、水槽及饲养用具等。

（3）饮水消毒：肉羊的饮水应符合畜禽饮用水水质标准，对饮水槽的水应隔3~4小时更换1次，饮水槽和饮水器要定期消毒，为了杜绝疾病发生，有条件者可用含氯消毒剂进行饮水消毒。

（4）空气消毒：一般肉羊舍被污染的空气中微生物数量在10个/米^{3}以上，当清扫、更换垫草及出栏时更多。空气消毒最简单的方法是通风，其次是利用紫外线杀菌或甲醛气体熏蒸。

（5）消毒池的管理：在肉羊场大门口应设置消毒池，长度不小于汽车轮胎的周长，2米以上，宽度应与门的宽度相同，水深10~15厘米，内放2%~3%氢氧化钠溶液或5%来苏儿溶液和草酸。消毒液1周更换1次，北方在冬季可使用生石灰代替氢氧化钠。

（6）粪便消毒：通常有掩埋法、焚烧法及化学消毒法。掩埋法是将粪便与漂白粉或新鲜生石灰混合，然后深埋于地下2米左右处。对患有烈性传染病羊只的粪便进行焚烧，方法是挖1个深75厘米、长 75～100 厘米的坑，在距坑底 40～50 厘米处加一层铁炉箅子，对湿粪可加一些干草，用汽油或酒精点燃。常用的粪便消毒方法是发酵消毒法。

（7）污水消毒：一般污水量小，可拌洒在粪中堆集发酵，必要时可用漂白粉按 8～10 克/米^3 搅拌均匀消毒。

2. 人员及其他方面的消毒

（1）人员消毒：

①饲养管理人员应经常保持个人卫生，定期进行人畜共患病检疫，并进行免疫接种，如卡介苗、狂犬病疫苗等。如发现患有危害肉羊及人的传染病者，应及时调离，以防传染。

②饲养人员进入肉羊舍时，应穿专用的工作服、胶靴等，并对其定期消毒。工作服采取煮沸消毒，胶靴用 3%～5% 来苏儿浸泡。工作人员在工作结束后，尤其在场内发生疫病时，工作完毕，必须经过消毒后方可离开现场。具体消毒方法是：将穿戴的工作服、帽及器械物品浸泡于有效化学消毒液中。对于接触过烈性传染病的工作人员可采用有效抗生素预防治疗。平时的消毒可采用消毒药液喷洒法，不需浸泡。直接将消毒液喷洒于工作服、帽上；工作人员的手及皮肤裸露处以及器械物品，可用蘸有消毒液的纱布擦拭，而后再用水清洗。

③饲养人员除工作需要外，一律不准在不同区域或栋舍之间相互走动，工具不得互相借用。任何人不准带饭，更不能将生肉及含肉制品的食物带入场内。场内职工和食堂均不得从市场购肉，所有进入生产区的人员，必须坚持在场区门前踏 3% 氢氧化钠溶液池、更衣室更衣、消毒液洗手，条件具备时，要先沐浴、更衣，再消毒才能进入羊舍内。

④场区禁止参观，严格控制非生产人员进入生产区，若生产或业务必需，经兽医同意、场领导批准后更换工作服、鞋、帽，经消毒室消毒后方可进入。严禁外来车辆入内，若生产或业务必需，车身经过全面消毒后方可入内。在生产区使用的车辆、用具，一律不得外出，更不得私用。

⑤生产区不准养猫、养狗，职工不得将宠物带入场内，不准在兽

医诊疗室以外的地方解剖尸体。建立严格的兽医卫生防疫制度，肉羊场生产区和生活区分开，入口处设消毒池，设置专门的隔离室和兽医室，做好发病时隔离、检疫和治疗工作，控制疫病范围，做好病后的消毒净群等工作。当某种疫病在本地区或本场流行时，要及时采取相应的防治措施，并要按规定上报主管部门，采取隔离、封锁等措施。

⑥长年定期灭鼠，及时消灭蚊蝇，以防疾病传播。对于死亡羊的检查，包括剖检等工作，必须在兽医诊疗室内进行，或在距离水源较远的地方检查。剖检后的尸体以及死亡羊的尸体应深埋或焚烧。本场外出的人员和车辆，必须经过全面消毒后方可回场。运送饲料的包装袋，回收后必须经过消毒方可再利用，以防止污染饲料。

（2）饲料消毒：粗饲料要通风干燥，经常翻晒和日光照射消毒；青饲料要防止霉烂，最好当日割当日用；精饲料要防止发霉，应经常晾晒，必要时进行紫外线消毒。

（3）土壤消毒：消灭土壤中病原微生物时，主要利用生物学和物理学方法。疏松土壤可增强微生物间的拮抗作用，使其受到紫外线充分照射。必要时可用漂白粉或5%～10%漂白粉澄清液、4%甲醛溶液、1%硫酸苯酚合剂溶液、2%～4%氢氧化钠热溶液等进行土壤消毒。

（4）羊体表消毒：主要方法有药浴、涂擦、洗眼、点眼、阴道子宫冲洗等。

（5）医疗器械消毒：各种诊疗器械及用器在使用完毕后要及时消毒，尽量推广使用一次性医疗卫生器械，避免各种病原菌交叉传播感染。

（6）疫源地消毒：包括病羊的肉羊舍、隔离场地、排泄物、分泌物及被病原微生物污染和可能污染的一切场所、用具和物品等，可使用2%～3%氢氧化钠溶液消毒。地面可撒生石灰消毒。

（7）发生疫病羊场的防疫措施：

①及时发现，快速诊断，立即上报疫情。确诊病羊，迅速隔离。如发现一类和二类传染病暴发或流行（如口蹄疫、痒病、蓝舌病、羊痘、炭疽等），应立即采取封锁等综合防疫措施。

②对易感羊群进行紧急免疫接种，及时注射相关疫苗和抗血清，并加强药物治疗、饲养管理及消毒管理。提高易感羊群抗病能力。对已发病的羊只，在严格隔离的条件下，及时采取合理的治疗，争取早日康复，减少经济损失。

③对污染的圈、舍、运动场及病羊接触的物品和用具都要进行彻底的消毒和焚烧处理。对传染病的病死羊和淘汰羊严格按照传染病羊尸体的卫生消毒方法，进行焚烧后深埋。

3. 加强对有关法规的学习　GB/T 16569《畜禽产品消毒规范》规定了畜禽产品一般的消毒技术。GB 16548《畜禽病害肉尸及其产品无害化处理规程》规定了畜禽病害肉尸及其产品的销毁、化制、高温处理和化学处理的技术规范。在肉羊养殖的过程中要加强对这些法规的学习、掌握和应用，保证养羊场健康发展。

五、注意事项

羊舍、羊圈及用具应保持清洁、干燥，每天清除粪便及污物，堆积制成肥料。饲草保持清洁干燥，不发霉腐烂，饮水要清洁，清除羊舍周围的杂物、垃圾，填平死水坑，消灭鼠、蚊、蝇。

羊舍清扫后消毒，常用消毒药有10%～20%的石灰乳和10%的漂白粉溶液。产房在产羔前消毒1次，产羔高峰时进行多次，产羔结束后再进行1次。在病羊舍、隔离舍的出入口处应放置浸有消毒液的麻袋片或草垫；消毒液可用2%～4%氢氧化钠（对病毒性疾病）或10%克辽林溶液。

地面消毒可用含2.5%有效氯的漂白粉溶液、4%福尔马林或10%氢氧化钠溶液。粪便消毒最实用的方法是生物热消毒法。污水消毒将污水引入污水处理池，加入化学药品消毒。

六、小反刍兽疫消毒技术规范

1. 药品种类　碱类（碳酸钠、氢氧化钠）、氯化物和酚化合物适用于建筑物、木质结构、水泥表面、车辆和相关设施设备消毒。柠檬酸、酒精和碘化物（碘消灵）适用于人员消毒。

2. 场地及设施消毒

（1）消毒前的准备：

①消毒前必须清除有机物、污物、粪便、饲料、垫料等。

②选择合适的消毒药品。

③备有喷雾器、火焰喷射枪、消毒车辆、消毒防护用具（如口罩、手套、防护靴等）、消毒容器等。

（2）消毒方法：

①金属设施设备的消毒，可采取火焰、熏蒸和冲洗等方式消毒。

②羊舍、车辆、屠宰加工、贮藏等场所，可采用消毒液清洗、喷洒等方式消毒。

③养羊场的饲料、垫料、粪便等，可采取堆积发酵或焚烧等方式处理。

④疫区范围内办公、饲养人员的宿舍、公共食堂等场所，可采用喷洒的方式消毒。

3. 人员及物品消毒

（1）饲养、管理等人员可采取淋浴消毒。

（2）衣、帽、鞋等可能被污染的物品，可采取消毒液浸泡、高压灭菌等方式消毒。

4. 山羊绒及羊毛消毒 可以采用下列程序之一灭活病菌。

（1）在18℃储存4周，4℃储存4个月，或37℃储存8天。

（2）在一密封容器中用甲醛熏蒸消毒至少24小时。具体方法：将高锰酸钾放入容器（不可为塑料或乙烯材料）中，再加入商品福尔马林进行消毒，比例为每立方米加53毫升福尔马林和35克高锰酸钾。

（3）工业洗涤，包括浸入水、肥皂水、苏打水或碳酸钾等一系列溶液中水浴。

（4）用熟石灰或硫酸钠进行化学脱毛。

（5）浸泡在60～70℃水溶性去污剂中，进行工业性去污。

5. 羊皮消毒

（1）在含有2%碳酸钠的海盐中腌制至少28天。

（2）在一密闭空间内用甲醛熏蒸消毒至少24小时，具体方法参考“山羊绒及羊毛消毒”（2）。

6. 羊乳消毒　可采用下列程序之一灭活病菌。

（1）两次HTST巴氏消毒（72℃至少15秒）。

（2）HTST巴氏消毒与其他物理处理方法结合使用，如在pH 6的环境中维持至少1小时。

（3）UHT结合物理方法。

第三节　羊场生物安全制度

一、门卫制度

1. 场内工作人员　进入场区时，在场区门前踏3%氢氧化钠（或石灰水）溶液池、更衣室更衣、消毒液洗手，消毒后才能进入场区。工作完毕，必须经过消毒后方可离开现场。

2. 非场内工作人员　一律禁止进入场区，严禁参观场区。

3. 消毒　生产或业务需要进入场区时，需经兽医同意、场长批准后更换工作服、鞋、帽，经消毒室消毒后方可进入。

4. 车辆、用具　严禁外来车辆入内，若生产或业务必需，车身经过全面消毒后方可入内。在生产区使用的车辆、用具，一律不得外出，更不得私用。

5. 违反规定　如有不按门卫制度操作者，承担全部后果。

表6.2　外来人员、车辆出入记录表

时　间	姓　名	身份证号及地址	备　注

二、羊场消毒制度

1. 消毒时间 每周六清扫圈舍后进行日常消毒；每月末周六进行彻底消毒（大扫除）。

2. 消毒剂的选择 日常消毒可以生石灰或百毒杀与0.2%～0.5%过氧乙酸按月交替使用；每月末周六消毒可用1%～2%氢氧化钠（火碱）。消毒液的用量为1升/米^3，泥土地面、运动场为1.5升/米^{3}左右。

3. 消毒人员职责 消毒由兽医技术员总体负责。消毒包括消毒药物的选择、用法及用量。圈舍、运动场的消毒由各饲养员具体操作；草料棚及周围由饲料生产人员操作；用具、道路等环境由兽医技术员操作；办公区由门卫负责具体操作。

4. 消毒方法

（1）清扫与洗刷：羊场内灰尘较大时，先用水喷洒，然后再清扫。主要清除粪便、垫料、剩余饲料、灰尘及墙壁和顶棚上的蜘蛛网等。

（2）肉羊舍消毒：消毒顺序一般从离门远处开始，以墙壁、顶棚、地面的顺序喷洒一遍，再从内向外将地面重复喷洒一次，关闭门窗2～3小时，然后打开门窗通风换气，再用清水清洗饲槽及饲养用具等。

第四节 做好防虫和灭鼠工作

一、防虫

（一）害虫的危害

在畜禽养殖业中，害虫的大量存在带来较大的危害。

1. 能够传播疾病的害虫 目前主要的致病害虫为蚊、苍蝇、蟑螂、白蛉、蠓、虻、蚋等吸血昆虫以及虱、蜱、螨、蚤和其他害虫等。它们通过直接叮咬传播疾病，如蚊可传播痢疾、乙型脑炎、丝虫病、鲁革热、黄热病、马脑炎等，蝇可传播痢疾、伤寒、霍乱、脑脊髓炎、炭疽等，蟑螂可以传播肠道传染病、肝炎、念珠棘虫病、美丽筒线虫病等。昆虫叮咬直接造成的局部损伤、奇痒、皮炎、过敏，影响羊只休息，降低机体免疫功能。

2. 害虫污染环境的方式 害虫通过携带的病原微生物污染环境、器械、设备，特别是对饮水、饲料的污染，也会间接传播疫病。因此，杀灭这些害虫有利于保持羊场环境卫生，减少疫病传播，维护人畜健康。同时，也有利于提高消毒效果，因为这些昆虫大量存在和滋生，就不可能达到彻底消毒。

（二）防虫灭虫的方法

1. 环境卫生 搞好养殖场环境卫生，保持环境清洁、干燥，是减少或杀灭蚊、蝇、蠓等昆虫的基本措施。如蚊虫需在水中产卵、孵化和发育，蝇蛆也需在潮湿的环境及粪便等废弃物中生长。因此，填平无用的污水池、土坑、水沟和洼地。保持排水系统畅通，对阴沟、沟渠等定期疏通，勿使污水储积。对贮水池等容器加盖，以防昆虫如蚊蝇等飞入产卵。对不能清除或加盖的防火贮水器，在蚊蝇滋生季节，应定期换水。永久性水体（如鱼塘、池塘等），蚊虫多滋生在水浅而有植被的边缘区域，修整边岸，加大坡度和填充浅湾，能有效地防止蚊虫滋生。羊舍内的粪便应定时清除，并及时处理，贮粪池应加盖并保持四周环境的清洁。

2. 物理杀灭 利用机械方法以及光、声、电等物理方法，捕杀、诱杀或驱逐蚊蝇。中国生产的多种紫外线光或其他光诱器，特别是四周装有电栅，通有将220伏变为5 500伏的10毫安电流的蚊蝇光诱器，效果良好。此外，还有可以发出声波或超声波并能将蚊蝇驱逐的电子驱蚊器等，都具有防除效果。

3. 生物杀灭 利用天敌杀灭害虫，如池塘养鱼即可达到鱼类治蚊的目的。此外，应用细菌制剂——内毒素杀灭吸血蚊的幼虫，效果良好。

4. 化学杀灭 化学杀灭是使用天然或合成的毒物，以不同的剂型（粉剂、乳剂、油剂、水悬剂、颗粒剂、缓释剂等），通过不同途径（胃毒、触杀、熏杀、内吸等），毒杀或驱逐昆虫。化学杀虫法具有使用方便、见效快等优点，是当前杀灭蚊蝇等害虫的较好方法。

（三）防虫灭虫注意点

1. 减少污染　利用生物或生物的代谢产物防治害虫，对人畜安全，不污染环境，有较长的持续杀灭作用。如保护好益鸟、益虫等充分发挥天敌杀虫的作用。

2. 杀虫剂的选择　不同杀虫剂有不同的杀虫谱，要有目的地选择高效长效、速杀、广谱、低毒无害、低残留和价廉的杀虫剂。

二、灭鼠

（一）鼠的危害

鼠的危害主要有以下几点。

1. 鼠可传播多种传染病　鼠是许多疾病的宿主，通过排泄物污染、机械携带及直接咬伤畜禽的方式，可传播多种疾病，主要有鼠疫、钩端螺旋体病、脑炎、流行性出血热、鼠咬热等。因此，鼠不仅传播人类各种传染病，而且直接或间接传播畜禽传染病。为保证人类健康和发展畜禽养殖业，必须将灭鼠杀虫和畜禽养殖消毒结合起来。

2. 鼠的危害极大　鼠盗食粮种，啃咬禾苗，糟蹋粮食和饲料；盗食树种，毁坏树苗，影响森林更新；鼠密度过大，能使草原荒漠化，影响载畜量；特别是直接咬伤畜禽，破坏畜禽厩舍建筑等；对养殖业危害极大，大量的鼠洞破坏堤坝，造成严重的水灾，带来极大的经济损失。

3. 鼠可形成各种传染病的疫源地　鼠可形成人或各种动物传染病的疫源地，造成人和动物疾病的流行。

（二）防鼠

鼠的生存和繁殖同环境和食物来源有直接的关系。如果环境良好，食物来源充足则鼠可以大量繁殖；如果采取某些措施，破坏其生存条件和食物来源则可控制鼠的生存和繁殖。

1. 防止鼠进入建筑物　鼠多从墙基、天棚、瓦顶等处窜入室内，在设计施工时注意：墙基最好用水泥制成，碎石和砖砌的墙基，应用灰浆抹缝。墙面应平直光滑，防鼠沿粗糙墙面攀登。砌缝不严的空心墙体，易使鼠隐匿营巢，要填补抹平。为防止鼠类爬上屋顶，可将墙角处做成圆弧形。墙体上部与天棚衔接处应砌实，不留空隙。瓦顶房屋应缩小瓦缝和瓦、椽间的空隙并填实。用砖、石铺设的地面，应衔接紧密并用水泥灰浆填缝。各种管道周围要用水泥填平。通气孔、地脚窗、排水沟（粪尿沟）出口均应安装孔径小于1厘米的铁丝网，以防鼠窜入。堵塞鼠的通道，畜禽舍外的鼠往往会通过上下水道和通风口处等的管道空隙进入畜禽舍，因此，对这些管道的空隙要及时堵塞，防止鼠的进入。畜禽舍和饲料仓库应是砖、水泥结构，设立防鼠沟，建好防鼠墙，门窗关闭严密，则鼠无法打洞或进入。畜栏及墙体抹光，堵塞孔隙。

2. 清理环境　鼠喜欢黑暗和杂乱的场所。因此，畜禽舍和加工厂等地要通畅、明亮，其物品要放置整齐，使害鼠不易藏身。畜禽舍周围的垃圾要及时清除，不能堆放杂物，任何场所发现鼠洞时都要立即堵塞。

3. 断绝食物来源　大量饲料应放置在离地面15厘米的台或架上，并放置饲料袋内，少量饲料应放在水泥结构的饲料箱或大缸中，并且要加金属盖，散落在地面的饲料要立即清扫干净，使老鼠无法接触到饲料，则鼠会离开畜禽舍；反之，则鼠会集聚到畜禽舍取食。

4. 改造厕所和粪池　鼠可吞食粪便，这些场所极易吸引鼠，因此，应将厕所和粪池改造成使老鼠无法接近粪便的结构，同时也使鼠失去藏身躲避的地方。

（三）灭鼠

1. 器械灭鼠　器械灭鼠方法简单易行，效果可靠，对人、畜无害。灭鼠器械种类繁多，主要有夹、关、压、卡、翻、扣、淹、粘、电等。近年来还研究和采用电灭鼠和超声波灭鼠等方法，简便易行、效果确实、费用低、安全。

2. 熏蒸灭鼠　某些药物在常温下易汽化为有毒气体或通过化学反应产生有毒气体，这类药剂统称熏蒸剂。利用有毒气体使鼠吸入而中毒致死的灭鼠方法称熏蒸灭鼠。

（1）熏蒸灭鼠的优点：具有强制性，不必考虑鼠的习性；不使用粮食和其他食品，且收效快，效果一般较好；兼有杀虫作用；对畜禽较安全。

（2）熏蒸灭鼠缺点：只能在可密闭的场所使用；毒性大，作用快，使用不慎时容易中毒；用量较大，有时费用较高；熏杀洞内鼠时，需找洞、投药、堵洞，工效较低。本法使用有局限性，主要用于仓库及其他密闭场所的灭鼠，还可以灭杀洞内鼠。目前使用的熏蒸剂有两类：一类是化学熏蒸剂如磷化铝等，另一类是灭鼠烟剂。

3. 毒饵灭鼠（化学灭鼠） 将化学药物加入饵料或水中，使鼠致死的方法称为毒饵灭鼠。毒饵灭鼠效率高、使用方便、成本低、见效快，缺点是能引起人、畜中毒，有些老鼠对药剂有选择性、拒食性和耐药性。所以，使用时须选好药剂和注意使用方法，以保证安全有效。

灭鼠药剂种类很多，主要有灭鼠剂、熏蒸剂、烟剂、化学绝育剂等。养殖场的鼠类以孵化室、饲料库、畜禽舍最多，是灭鼠的重点场所。机械化畜禽场实行笼养或栏养，投放毒饵时只要防止毒饵混入饲料中即可。在采用全进全出制的生产程序时，可结合舍内消毒时一并进行。鼠尸应及时清理，以防被人、畜误食而发生二次中毒。选用鼠长期吃惯了的食物作为饵料，突然投放，饵料充足，分布广泛，以保证灭鼠的效果。

（四）灭鼠的注意点

1. 灭鼠时机和方法选择 要摸清鼠情，选择适宜的灭鼠时机和方法，做到高效、省力。一般情况下，4～5月是各种鼠类觅食和交配期，也是灭鼠的最佳时期。

2. 灭鼠药物选择 灭鼠药物较多，但符合理想要求的较少，要根据不同方法选择安全的、高效的、允许使用的灭鼠药物。如禁止使用的灭鼠剂（氟乙酰胺、氟乙酸钠、毒鼠强、毒鼠硅、伏鼠醇等）、已停产或停用的灭鼠剂（安妥、砒霜或白霜、灭鼠优、灭鼠安）、不再登记作为农药使用的消毒剂（士的宁、鼠立死、硫酸砣等）等，严禁使用。

3. 注意人畜安全　灭鼠药使用时应注意人畜安全，避免人畜误食。

第五节　羊场粪便的无害化处理

一、羊粪的处理

（一）发酵处理

发酵处理是利用各种微生物的活动来分解粪中有机成分，有效地提高有机物质的利用率。根据发酵微生物的种类可分为有氧发酵和厌氧发酵两类。

1. 充氧动态发酵　在适宜的温度、湿度以及供氧充足的条件下，好气菌迅速繁殖，将粪中的有机物质分解成易被消化吸收的物质，同时释放出硫化氢、氨等气体。在45～55℃下处理12小时左右，可生产出优质有机肥料和再生饲料。

2. 堆肥发酵处理　堆肥是指富含氮有机物的畜粪与富含碳有机物的秸秆等，在好氧、嗜热性微生物的作用下转化为腐殖质、微生物及有机残渣的过程。堆肥过程产生的高温（50～70℃），可使病原微生物和寄生虫卵死亡。炭疽杆菌致死温度为50～55℃，所需时间1小时；布氏杆菌致死温度为65℃，所需时间2小时；口蹄疫病毒在50～60℃迅速死亡；寄生蠕虫卵和幼虫在50～60℃，1～3分钟即可被杀灭。经过高温处理的粪便呈棕黑色、松软、无特殊臭味、不招苍蝇、卫生、无害。

3. 沼气发酵处理　沼气处理是厌氧发酵过程，可直接对粪水进行处理。其优点是产出的沼气是一种高热值可燃气体，沼渣是很好的肥料。经过处理的干沼渣还可作为饲料。

（二）干燥处理

1. 脱水干燥处理　通过脱水干燥，使其中的含水量降低到15%以下，便于包装运输，又可抑制畜粪中微生物活动，减少养分（如蛋白质）损失。

2. 高温快速干燥 采用以回转圆筒烘干炉为代表的高温快速干燥设备，可在短时间（10 分钟左右）内将含水率为 70% 的湿粪，迅速干燥至含水仅 10% ~15% 的干粪。

3. 太阳能自然干燥处理 采用专用的塑料大棚，长度可达 60 ~ 90 米，内有混凝土槽，两侧为导轨，在导轨上安装有搅拌装置。湿粪装入混凝土槽，搅拌装置沿着导轨在大棚内反复行走，通过搅拌板的正反向转动来捣碎、翻动和推送畜粪，并通过强制通风排除大棚内的水汽，达到干燥畜粪的目的。夏季只需要约 1 周的时间即可把畜粪的含水量降到 10% 左右。

二、羊粪的利用

1. 用作肥料

（1）直接用作肥料：羊粪作为肥料，首先要根据饲料的营养成分和吸收率，估测粪便中的营养成分。其次，施肥前要了解土壤类型、成分及作物种类，确定合理的作物养分需要量，并在此基础上计算出羊粪施用量。

（2）生产有机无机复合肥：羊粪最好先经发酵后再烘干，然后与无机肥配制成复合肥。复合肥不但松软、易拌、无臭味，而且施肥后也不再发酵，特别适合于盆栽花卉和无土栽培及庭院种植业。

2. 用作饲料 羊粪经过沼气池发酵后，沼渣和沼液可以用作鱼类的饲料，降低养鱼成本，提高肉羊的养殖效益。

三、粪便无害化卫生标准

畜粪无害化卫生标准借助于卫生部制定的国家标准（GB 7959—87）。适用于中国城乡垃圾、粪便无害化处理效果的卫生评价和为建设垃圾、粪便处理构筑物提供卫生设计参数。国家目前尚未制定出对于家畜粪便的无害化卫生标准，在此借鉴人的粪便无害化卫生标准来阐述对家畜粪便无害化处理的卫生要求。

标准中的粪便是指人体排泄物；堆肥是指以垃圾、粪便为原料的好氧性高温堆肥（包括不加粪便的纯垃圾堆肥和农村的粪便、秸秆堆肥)；沼气发酵是以粪便为原料，在密闭、厌氧条件下的厌氧性消化（包括常温、中温和高温消化）。经无害化处理后的堆肥和粪便，应符合国家的有关规定，堆肥最高温度达 50 ~ 55℃甚至更高，应持续 5 ~7 天，粪便中蛔虫卵死亡率为 95% ~100%，粪便大肠杆菌值为 $10 \sim 10^2$，可有效地控制苍蝇滋生，堆肥周围没有活动的蛆、蛹或新羽化的成蝇。沼气发酵的卫生标准是，密封储存期应在 30 天以上，(53 ±2)℃的高温沼气发酵应持续 2 天，寄生虫卵沉降率在 95% 以上，粪液中不得检出活的血吸虫卵和钩虫卵。

第六节　病羊尸体的无害化处理

一、销毁

病羊的尸体内含有大量病原体，并可污染环境，若不及时做无害化处理，常可引起人畜患病。对确认为是炭疽、羊快疫、羊肠毒血症、羊猝疽、肉毒梭菌中毒症、蓝舌病、口蹄疫、李氏杆菌病、布鲁杆菌病等传染病和恶性肿瘤或两个器官发现肿瘤的病羊的整个尸体，以及从其他病羊割除下来的病变部分和内脏都应进行无害销毁。其方法是利用湿法化制和焚毁，前者是利用湿化机将整个尸体送入密闭容器中进行化制，即熬制成工业油。后者是整个尸体或割除下来的病变部分和内脏投入焚化炉中烧毁炭化。

二、化制

除上述传染病外，凡病变严重、肌肉发生退行性变化的其他传染病、中毒性疾病、囊虫病、旋毛虫病以及自行死亡或不明原因死亡的病羊的整个尸体或胴体和内脏，利用干化机，将原料分类，分别投入化制。

三、掩埋

掩埋是一种暂时看作有效，其实极不彻底的尸体处理方法，但比较简单易行，目前还在广泛地使用。掩埋尸体时应选择干燥、地势较高，距离住宅、道路、水井、河流及牧场较远的偏僻地区。尸坑的长和宽以仅容纳尸体侧卧为度，深度应在2米以上。

四、腐败

将尸体投入专用的尸体坑内进行腐败处理，尸体坑一般为直径3米、深10~13米的圆形井，坑壁与坑底用不透水的材料制成。

五、加热煮沸

对某些危害不是特别严重，而经过煮沸消毒后又无害的患传染病的病羊肉尸和内脏，切成重量不超过2千克、厚度不超过8厘米的肉块，进行高压蒸煮或一般煮沸消毒处理。但必须在指定的场所处理。对洗涤生肉的泔水等，必须经过无害处理；熟肉决不可再与洗过生肉的泔水以及菜板等接触。

第七节　病羊产品的无害化处理

一、血液

（一）漂白粉消毒法

对患羊痘、山羊关节炎、绵羊梅迪/维斯那病、弓形虫病、锥虫病等传染病以及血液寄生虫病的病羊血液的处理，是将1份漂白粉加入4份血液中充分搅拌，放置24小时后于专设掩埋废弃物的地点掩埋。

（二）高温处理

凡属上述传染病者均可高温处理。方法是将已凝固的血液切成豆腐方块，放入沸水中烧煮，至血块深部呈黑红色并成蜂窝状时为止。

二、蹄、骨和角

将肉尸做高温处理时剔出的病羊骨、蹄、角，放入高压锅内蒸煮至骨脱或脱脂时止。

三、皮毛

（一）盐酸食盐溶液消毒法

此法用于被上述疫病污染的和一般病羊的皮毛消毒。方法是用2.5%盐酸溶液与15%食盐水溶液等量混合，将皮张浸泡在此溶液中，并使液温保持在30℃左右，浸泡40小时，皮张与消毒液之比为1∶10；浸泡后捞出沥干，放入2%氢氧化钠溶液中，以中和皮张上的酸，再用水冲洗后晾干。也可按100毫升25%食盐水溶液中加入盐酸1毫升配制消毒液，在室温15℃条件下浸泡48小时，皮张与消毒液之比为1∶4；浸泡后捞出沥干，再放入1%氢氧化钠溶液中浸泡，以中和皮张上的酸，再用水冲洗后晾干。

（二）过氧乙酸消毒法

此法用于任何病畜的皮毛消毒。方法是将皮毛放入新鲜配制的2%过氧乙酸溶液中浸泡30分钟捞出，用水冲洗后晾干。

（三）碱盐液浸泡消毒法

此法用于上述疫病污染的皮毛消毒。具体方法是将病皮浸入5%碱盐液（饱和盐水内加5%氢氧化钠）中，室温（17～20℃）浸泡24小时，并随时加以搅拌，然后取出挂起，待碱盐液流净，放入5%盐酸液内浸泡，使皮上的碱被中和，捞出，用水冲洗后晾干。

（四）石灰乳浸泡消毒法

此法用于口蹄疫和螨病病皮的消毒。方法是将1份生石灰加1份水制成熟石灰，再用水配成10%或5%混悬液（石灰乳）。将口蹄疫病皮浸入10%石灰乳中浸泡2小时；而将螨病病皮浸入10%石灰乳中浸泡12小时，然后取出晾干。

（五）盐腌消毒法

盐腌消毒法主要用于布鲁杆菌病病皮的消毒。按皮重量的15%加入食盐，均匀撒于皮的表面。一般毛皮腌制2个月，胎儿毛皮腌制3个月。

第八节　羊场污染物排放及其监测

集约化养羊场（区）排放的废渣，是指养羊场向外排出的粪便、肉羊舍垫料、废饲料及散落的羊毛等固体物质。恶臭污染物是指一切刺激嗅觉器官，引起人们不愉快及损害生活环境的气体物质。臭气浓度是指恶臭气体（包括异味）用无臭空气稀释到刚刚无臭时所需的稀释倍数。最高允许排水量是指在养羊过程中直接用于生产的水的最高允许排放量。

一、空气污染的调控

（一）大气中的污染物

大气中的污染物主要分为自然来源和人为来源两大类。自然界的各种微粒、硫氧化物、各种盐类和异常气体等，有时可造成局部的或短期的大气污染。人为的来源有工农业生产过程和人类生活排放的有毒、有害气体和烟尘，如氟化物、二氧化硫、氮氧化物、一氧化碳、氧化铁微粒、氧化钙微粒，砷、汞、氯化物，各种农药产生的气体等。石化燃料的燃烧，特别是化工生产和生活垃圾的焚烧，是造成大气污染最主要的来源。燃烧完全产物主要有二氧化碳、二氧化硫、二氧化氮、水蒸气、灰分（含有杂质的氧化物或卤化物，如氧化铁、氟化钙）等。燃烧不完全产物有一氧化碳、硫氧化物、醛类、碳粒、多环芳烃等。工业生产过程中向环境中排放的大量污染物。

（二）肉羊舍中的有害气体

集约化肉羊场以舍饲为主，肉羊起居和排泄粪尿都在肉羊舍内，产生有害气体和恶臭，往往造成舍内外空气污染，主要表现在空气中二氧化碳、水汽等增多，氮气、氧气减少，并出现许多有毒有害成分如氨气、硫化氢、一氧化碳、甲烷、酞胺、硫醇、甲胺、乙胺、乙醇、丙酮、2－丁酮、丁二酮、粪臭素和吲哚等。

舍内有害气体的气味可刺激人的嗅觉，产生厌恶感，故又称为恶臭或恶臭物质，但恶臭物质除了羊粪尿、垫料和饲料等分解产生的有害气体外，还包括皮脂腺和汗腺的分泌物、羊体的外激素以及黏附在体表的污物等，羊呼出二氧化碳也会散发出不同的难闻气味。

肉羊采食的饲料消化吸收后进入后段肠道（结肠和直肠），未被消化的部分被微生物发酵，分解产生多种臭气成分，具有一定的臭味。粪便排出体外后，粪便中原有的和外来的微生物和酶继续分解其中的有机物，生成的某些中间产物或终产物形成有害气体和恶臭，一般来说臭气浓度与粪便中氮、磷酸盐含量成正比。有害气体的主要成分是硫化氢、有机酸、酚、醛、醇、酮、酯、盐基性物质、杂环化合物、碳氢化合物等。

（三）空气污染的调控

（1）合理确定羊场位置是防止工业有害气体污染和解决肉羊场有害气体对人类环境污染的关键。场址应选择城市的郊区、郊县，远离工业区、人口密集区，尤其是医院、动物产品加工厂、垃圾场等污染源。如宁夏大武口区潮湖村的羊场正好处于发电厂煤烟走向的山沟里，结果造成2 000多只山羊因空气污染而生长停滞，发生空气氟中毒现象。

（2）设法使粪尿迅速分离和干燥，可以降低臭气的产生。放牧情况下羊圈每半年或一年清理一次粪便。集约化羊场因饲养密度大，必须每日清理。

（3）当pH值>9.5时，硫化氢溶解度升高，释放量减少；氨在pH值7.0～10.0时大量释放；pH值<7.0时释放量大大减少；pH值<4.5时，氨几乎不释放。另外，保持粪床或沟内有良好的排水与通风，使排出的粪便及时干燥，则可大大减少舍内氨和硫化氢等的产生。

（4）应用添加剂可减少臭气、污染物数量，目前常用的添加剂有微生态制剂、沸石、膨润土、海泡石、蛭石和硅藻土等。

二、水污染的调控

（一）水中微生物的污染

水中微生物的数量，在很大程度上取决于水中有机物含量，水源被病原微生物污染后，可引起某些传染病的传播与流行。由于天然水的自净作用，天然水源的偶然一次污染，通常不会引起水的持久性污染。但是如果长期污染，就有可能造成流行病的传播。据报道，能够引起人类发病的传染病共有148种，其中有15种是经水传播的。主要的肠道传染病有伤寒、副伤寒、副霍乱、阿米巴痢疾、细菌性痢疾、钩端螺旋体病等。由病毒经水传播的传染病，到目前为止已发现140种以上。主要有肠病毒（脊髓灰质炎、柯萨奇病毒、人肠道外细胞病毒）、腺病毒。养羊场被污水污染后，可引起炭疽、布鲁杆菌病、结核病、口蹄疫等疫病的传染。

（二）水中有机物质的污染

畜粪、饲料、生活污水等都含有大量的碳氢化合物、蛋白质、脂肪等腐败性有机物。这些物质在水中首先使水变混浊。如果水中氧气不足，则好气菌可分解有机氮为氨、亚硝酸盐，最终为稳定的硝酸盐无机物。如果水中溶解氧耗尽，则有机物进行厌氧分解，产生甲烷、硫化氢、硫醇之类的恶臭，使水质恶化不适于饮用。又由于有机物分解的产物是优质营养素，使水生生物大量繁殖，更加大了水的混浊度，消耗水中氧，产生恶臭，威胁贝类、藻类的生存，因而当有机物排放到水中时，要求水中应有充足的氧以对其进行分解，所以亦可按水中的溶解氧量，决定所容许的污染物排放量。

（三）水的沉淀、过滤与消毒

肉羊场大都处于农村和远郊，一般无自来水供应，大部分采用自备井。其深度差别较大，污染程度也有所区别，通常需进行消毒。地面水一般比较混浊，细菌含量较多，必须采用普通净化法（混凝沉淀及沙滤）和消毒法来改善水质。地下水较为清洁，一般只需消毒处理。有的水源较特殊，则应采用特殊处理法（如除铁、除氟、除臭、软化等）。

1. 混凝沉淀　水中较细的悬浮物及胶质微粒，不易凝集沉降，故必须加入明矾、硫酸铝和铁盐（如硫酸亚铁、三氯化铁等）混凝剂，使水中极小的悬浮物及胶质微粒凝聚成絮状物而加快沉降。

2. 沙滤　沙滤是把混浊的水通过沙层，使水中悬浮物、微生物等阻留在沙层上部，水即得到净化。集中式给水的过滤，一般可分为慢沙滤池和快沙滤池两种。目前大部分自来水厂采用快沙滤池，而简易自来水厂多采用慢沙滤池。分散式给水的过滤，可在河或湖边挖渗水井，使水经过地层自然滤过。如能在水源和渗水井之间挖一沙滤沟，或建筑水边沙滤井，则能更好地改善水质。

3. 消毒　饮水消毒的方法很多，如氯化法、煮沸法、紫外线照射法、臭氧法、超声波法、高锰酸钾法等。目前应用最广的是氯化消毒法，因为此法杀菌力强、设备简单、使用方便、费用低。消毒剂的用量，除满足在接触时间内与水中各种物质作用所需要的有效氯量外，还应该使水在消毒后有适量的剩余氯，以保证持续的杀菌能力。

氯化消毒用的药剂为液态氯和漂白粉。集中式给水的加氯消毒，主要用液态氯。小型水厂和分散式给水多用漂白粉。漂白粉易受空气中二氧化碳、水分、光线和高温等影响而发生分解，使有效氯含量不断减少。因此，须将漂白粉装在密塞的棕色瓶内，放在低温、干燥、阴暗处。

（四）水污染物排放标准

集约化养羊场（区）的废水不得排入敏感水域和有特殊功能的水域。排放去向应符合国家和地方的有关规定。

1. 水污染物的排放标准　采用水冲工艺的肉羊场，最高允许排水量：每天每100只羊排放水污染物冬季为1.1～1.3立方米，夏季为1.4～2.0立方米。采用干清粪工艺的肉羊场，最高允许排水量每天每100只羊冬季为1.1立方米，夏季为1.3立方米。集约化养羊场水污染物最高允许日均排放浓度5日生化需氧量150毫克/毫升，化学需氧量400毫克/毫升，悬浮物200毫克/毫升，氨氮80毫克/毫升，总磷（以磷计）8.0毫克/毫升，粪大肠杆菌数1 000个/毫升，蛔虫卵2个/升。

2. 集约化养羊场废渣的固定储存设施和场所　储存场所要有防止粪液渗漏、溢流的措施。用于直接还田的畜粪须进行无害化处理。禁止直接将废渣倾倒入地表水或其他环境中。粪便还田时，不得超过当地的最大农田负荷量，避免造成面源污染的地下水污染。

三、土壤中的矿物质与微生物

土壤是肉羊生存的重要环境，但随着现代养羊业向舍饲化方向的发展，其直接影响愈来愈小，而主要通过饮水和饲料等间接影响肉羊健康和生产性能。

畜体中的矿物元素主要从饲料中获得，土壤中某些元素的缺乏或过多，往往通过饲料和水引起家畜地方性营养代谢疾病。例如，土壤中钙和磷的缺乏可引起家畜的佝偻病和软骨症；缺镁则导致畜体物质代谢紊乱、异嗜，甚至出现痉挛症。宁夏盐池县为高氟地区，常发生慢性氟中毒现象。

土壤的细菌大多是非病原性杂菌，如丝状菌、酵母菌、球菌以及硝化菌、固氮菌等。土壤深层多为厌氧性菌。土壤的温度、湿度、pH 值、营养物质等不利于病原菌生存。但富含有机质或被污染的土壤，或抗逆性较强的病原菌，都可能长期生存下来，如破伤风杆菌和炭疽杆菌在土壤中可存活 16 ~ 17 年甚至更多年，布鲁杆菌可生存 2 个月，沙门杆菌可生存 12 个月。土壤中非固有的病原菌如伤寒菌、大肠杆菌等，在干燥地方可生存 2 周，在湿润地方可生存 2 ~ 5 个月。各种致病寄生虫的幼虫和卵，原生动物如蛔虫、钩虫、阿米巴原虫等，在低洼地、沼泽地生存时间较长，常成为肉羊寄生虫病的传染源。

集约化养羊场经无害化处理后的废渣，蛔虫死亡率要大于 95%，粪大肠杆菌数小于 10^5 个/千克，恶臭污染物排放的臭气浓度应为 70，并通过粪便还田或其他措施对所排放物进行综合利用。

污染物项目监测的采样点和采样频率应符合国家监测技术规范要求。监测污染物时生化需氧量采用稀释与接种法；化学需氧量用重铬酸钾法；悬浮物用重量法；氨氮用纳氏试剂比色法；水杨酸用分光光度法；总磷用钼蓝比色法；粪大肠菌群数用多管发酵法；蛔虫卵用吐温 – 80 柠檬酸缓冲液离心沉淀集卵法；蛔虫卵死亡率用堆肥蛔虫卵检查法；寄生虫卵沉降法用粪稀蛔虫卵检查法；臭气浓度用三点式比较臭袋法。

第七章 规模羊场药物保健与疫病监测

羊的保健是羊健康高效养殖的保证。羊的卫生保健受养殖环境、羊自身状况（包括健康状况、年龄、性别、抗病力、遗传因素等）、外界致病因素及气候、环境等因素的影响。羊从生产到出售，要经过出入场检疫、收购检疫、运输检疫和屠宰检疫。

第一节 羊场药物的选择和使用

一、羊给药方法

根据药物的种类、性质、使用目的以及动物的饲养方式，选择适宜的用药方法。临床上一般采用以下给药方法。

（一）个体给药

1. 口服给药 口服给药简便，适合大多数药物，可发挥药物在胃肠道的作用，如肠道抗菌药、驱虫药、制酵药、泻药等，常常采用口服。常用的口服方法有灌服、饮水、混到饲料中喂服、舐服等。应在饲喂前服用的药物有苦味健胃药、收敛止泻药、胃肠解痉药、肠道抗感染药、利胆药。应空腹或半空腹服用的药物有驱虫药、盐类泻药。刺激性强的药物应在饲喂后服用。

不能用强酸、强碱、抗生素（特别是内服）或刺激性较强的药物或物质，如呋喃西林、石炭酸、来苏儿、石油、松节油、烟袋油子或辣椒油等治疗羊病，以免杀死微生物群，或污染前胃内在环境。羊内服芳香开窍剂，如麝香、木香、茴香等在前胃发酵过程中易随嗳气挥发，而起不到治疗作用。苦味健胃剂如苦味酊、苦丁香或陈皮等是以苦味作用于胃黏膜而使其增加分泌和蠕动，由于羊前胃无分泌腺，再加微生物的作用，待药物进入肠道中才能起微弱的作用。所以，给予羊消化促进药，不如直接用促进胃肠蠕动剂有效。根据反刍兽前胃生理特点，羊容易发生瘤胃鼓气。此时，如用作用较强的制酵防腐剂，有时虽能收到暂时性的疗效，但事后对前胃生态将会产生不良影响。最好的办法是当发生瘤胃鼓气后，立即用导胃管放气，出现再鼓气的现象，可再放气，如此反复直至不再鼓气为止。

2. 注射给药 注射给药优点是吸收快而完全，药效出现快。不宜口服的药物，大都可以注射给药。常用的注射方法有皮下注射、肌内注射、静脉注射、静脉滴注，此外还有气管注射、腹腔注射，以及瘤胃、直肠、子宫、阴道、乳管注入等。皮下注射将药物注入颈部或股内侧皮下疏松结缔组织中，经毛细血管吸收，一般 10 ~ 15 分钟即可出现药效；刺激性药物及油类药物不宜皮下注射。肌内注射是将药物注入富含血管的肌肉（如臀肌）中，吸收速度比皮下快，一般经 5 ~ 10分钟即可出现药效。油剂、混悬剂也可肌内注射，刺激性较大的药物，可注射于肌肉深部，药量大的应分点注射。静脉注射是将药物注入体表明显的静脉中，作用最快，适用于急救、注射大量或刺激性强的药物。

3. 灌肠法 灌肠法是将药物配成液体，直接灌入直肠内，羊可用小橡皮管灌肠。先将直肠内的粪便清除，然后在橡皮前端涂上凡士林，插入直肠内，把橡皮管的盛药部分提高到超过羊的背部。灌肠完毕后，拔出橡皮管，用手压住肛门或拍打尾根部，以防药物流出。灌肠药液的温度应与体温一致。

4. 胃管法 给羊插入胃管的方法有两种：一是经鼻腔插入，二是经口腔插入。胃管正确插入后，即可接上漏斗灌药。药液灌完后，再灌少量清水，然后取掉漏斗，用嘴吹气，或用橡皮球打气，使胃管内残留的液体完全入胃，用拇指堵住胃管管口，或折叠胃管，慢慢抽出。该法适用于灌服大量水剂及有刺激性的药液。患咽炎、咽喉炎和咳嗽严重的病羊，不可用胃管灌药。

5. 皮肤、黏膜给药 通过皮肤和黏膜吸收药物，使药物在局部或全身发挥治疗作用。常用的给药方法有滴鼻、点眼、刺种、毛囊涂擦、皮肤局部涂擦、药浴、埋藏等。刺激性强的药物不宜用于黏膜。

（二）群体给药

1. 混饲给药 将药物均匀混入饲料中，让羊吃料时能同时吃进药物，适用于长期投药。不溶于水或适口性差的药物用此法更为恰当。药物与饲料的混合必须均匀，并应准确掌握饲料中药物的浓度。

2. 混水给药 将药物溶解于水中，让羊自由饮用。此法适用于因病不能吃食，但还能饮水的羊。采用此法须注意根据羊可能饮水的量，来计算药量与药液浓度；限制时间饮用药液，以防止药物失效或增加毒性等。

3. 气雾给药 将药物以气雾剂的形式喷出，让羊经呼吸道吸入而在呼吸道发挥局部作用，或使药物经肺泡吸收进入血液而发挥全身治疗作用。若喷雾于皮肤或黏膜表面，则可发挥保护创面、消毒、局麻、止血等局部作用。本法也可供室内空气消毒和杀虫之用。气雾吸入要求药物对羊呼吸道无刺激性，且药物应能溶于呼吸道的分泌液中。

4. 药浴 采用药浴方法杀灭体表寄生虫，但须用药浴的设施。药浴用的药物最好是水溶性的，药浴应注意掌握好药液浓度、温度和浸洗的时间。

二、羊药品的选择和使用

无公害食品肉羊饲养允许使用表 7.1 中的抗菌药和抗寄生虫药。

表 7.1 无公害食品肉羊饲养允许使用的抗寄生虫药、抗菌药及使用规定

类别	名称	制剂	用法与用量（用量以有效成分计）	休药期/天
抗寄生虫药	阿苯达唑	片剂	内服，一次量，10～15 毫克/千克体重	7
	双甲脒	溶液	药浴、喷洒、涂刷，配成0.025%～0.05%的乳液	21
	溴酚磷	片剂、粉剂	内服，一次量，12～16 毫克/千克体重	21
	氯氰碘柳胺钠	片剂	内服，一次量，10 毫克/千克体重	28
		注射液	皮下注射，一次量，5 毫克/千克体重	28
		混悬液	内服，一次量，10 毫克/千克体重	28
	溴氰菊酯	溶液剂	药浴，5～15 毫克/升水	7
	三氮脒	注射用粉针	肌内注射，一次量，3～5 毫克/千克体重，临用前配成5%～7%溶液	28
	二嗪农	溶液	药浴，初液，250 毫克/升水；补充液，750 毫克/升水（均按二嗪农计）	28
	非班太尔	片剂、颗粒剂	内服，一次量，5 毫克/千克体重	14
	芬苯达唑	片剂、粉剂	内服，一次量，5～7.5 毫克/千克体重	6
	伊维菌素	注射剂	皮下注射，一次量，0.2 毫克（相当于 200 单位）/千克体重	21
	盐酸左旋咪唑	片剂	内服，一次量，7.5 毫克/千克体重	3
		注射剂	皮下或肌内注射，7.5 毫克/千克体重	28
	硝碘酚腈	注射液	皮下注射，一次量，10 毫克/千克体重；急性感染，13 毫克/千克体重	30
	吡喹酮	片剂	内服，一次量，10～35 毫克/千克体重	1
	碘醚柳胺	混悬液	内服，一次量，7～12 毫克/千克体重	60
	噻苯咪唑	粉剂	内服，一次量，50～100 毫克/千克体重	30
	三氯苯唑	混悬液	内服，一次量，5～10 毫克/千克体重	28
抗菌药	氨苄西林钠	注射用粉针	肌内或静脉注射，一次量，10～20 毫克/千克体重	12
	苄星青霉素	注射用粉针	肌内注射，一次量，3 万～4 万单位/千克体重	14
	青霉素钾	注射用粉针	肌内注射，一次量，2 万～3 万单位/千克体重，每天 2～3 次，连用 2～3 天	9

续表

类别	名称	制剂	用法与用量（用量以有效成分计）	休药期/天
抗菌药	青霉素钠	注射用粉针	肌内注射，一次量，2万~3万单位/千克体重，每天2~3次，连用2~3天	9
	硫酸小檗碱	粉剂	内服，一次量，0.5~1克	0
		注射液	肌内注射，一次量，0.05~0.1克	0
	恩诺沙星	注射液	肌内注射，一次量，2.5毫克/千克体重，每天1~2次，连用2~3天	14
	土霉素	片剂	内服，一次量，羔，10~25毫克/千克体重（成年反刍兽不宜内服）	5
	普鲁卡因青霉素	注射用粉针	肌内注射，一次量，2万~3万单位/千克体重，每天1次，连用2~3天	9
		混悬液	肌内注射，一次量，2万~3万单位/千克体重，每天1次，连用2~3天	9
	硫酸链霉素	注射用粉针	肌内注射，一次量，10~15毫克/千克体重，每天2次，连用2~3天	14

三、肉羊饲养兽药使用制度

严格按《中华人民共和国动物防疫法》和《无公害食品　肉羊饲养兽医防疫准则》的规定，进行动物免疫，预防疾病。必要时进行预防、治疗和诊断疾病所用的兽药必须符合《中华人民共和国兽药典》《中华人民共和国兽药规范》《兽药质量标准》和《进口兽药质量标准》的相关规定。

优先使用符合《中华人民共和国兽用生物制品质量标准》《进口兽药质量标准》的疫苗预防肉羊疾病。使用消毒预防剂对饲养环境厩舍和器具进行消毒，并应符合《无公害食品　肉羊饲养管理准则》的规定。使用《中华人民共和国兽药典》（二部）及《中华人民共和国兽药规范》（二部）收载的用于羊的兽用中药材、中药成方制剂。使用国家畜牧兽医行政管理部门批准的微生态制剂。

所用兽药必须来自具有兽药生产许可证和产品批准文号的生产企业，或者具有进口兽药许可证的供应商。所有兽药的标签必须符合《兽药管理条例》的规定。使用的抗菌药和抗寄生虫药严格遵守规定的作用与用途、用法与用量及其他注意事项。严格遵守规定休药期。

建立并保存免疫程序记录；建立并保存全部用药的记录，治疗用药记录包括肉羊编号、发病时间及症状、药物名称（商品名、有效成分、生产单位）、给药途径、给药剂量、疗程、治疗时间等；预防或促生长混饲用药记录包括药品名称（商品名、有效成分、生产单位及批号）、给药剂量、疗程等。

禁止使用未经国家畜牧兽医行政管理部门批准的兽药和已经淘汰的兽药；禁止使用《食品动物禁用的兽药及其他化合物清单》中的药物。

第二节　羊的保健

一、药浴

剪毛后的 10～15 天，应及时组织药浴，以防疥癣病的发生。如间隔时间过长，则毛长不易洗透。药浴使用的药剂有 0.05% 辛硫磷乳油、1% 敌百虫溶液、速灭菊酯（80～200 毫克/千克）、溴氢菊酯（50～80 毫克/千克），也可用石硫合剂，其配方是生石灰 7.5 千克，硫黄粉末 12.5 千克，用水拌成糊状，再加水 300 千克，边煮边搅拌，煮至浓茶色为止，沉淀后取上清液加温水 1 000 千克即可。

药浴分池浴（图 7.1）、淋浴（图 7.2）和盆浴三种。池浴在专门建造的药浴池进行，最常见的药浴池为水泥沟形池，药液的深度以没及羊体为原则，羊出浴后在滴流台上停留 10～20 分钟。淋浴在特设的淋浴场进行，淋浴时把羊赶入，开动水泵喷淋，经 3 分钟淋透全身后关闭，将淋过的羊赶入滤液栏中，经 3～5 分钟放出。盆浴在大盆或缸中进行，用人工方法把羊逐只洗浴。

药浴前 8 小时给羊停止喂料，药浴前 2～3 小时给羊饮足水，以防止羊喝药液。药浴应选择暖和无风天气进行，以防羊受凉感冒，浴液温度保持在 30℃左右。先浴健康羊，后浴病羊。药浴后 5～6 小时可转入正常饲养。第一次药浴后 8～10 天可再重复药浴 1 次。

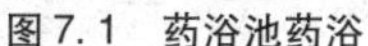

图7.1　药浴池药浴

图7.2　羊淋浴装置

二、驱虫

驱虫药物可用阿维菌素或伊维菌素、丙硫咪唑，均按用量计算。阿苯达唑（丙硫咪唑）或阿苯达唑+盐酸左旋咪唑。阿苯达唑10毫克/千克体重，盐酸左旋咪唑8毫克/千克体重。

（一）驱虫时间和方法

在3~10月，每1.5~2个月拌料驱虫一次。羔羊在1月龄驱虫一次，隔15天再驱一次，用法用量按各药品说明计算。

羊的驱虫时间和药物使用量（仅供中部地区肉羊参考）见表7.2。

表7.2　羊的驱虫时间和药物使用量

次数	时间	药物	用量及备注
第一次	2月15日	阿苯达唑	10毫克/千克体重
第二次	4月1日	左旋咪唑	8毫克/千克体重
第三次	5月15日	阿苯达唑	10毫克/千克体重
第四次	7月1日	阿苯达唑	10毫克/千克体重
第五次	8月15日	左旋咪唑	8毫克/千克体重
第六次	10月1日	阿苯达唑	10毫克/千克体重

注：怀孕羊另外执行。如遇到天气变化等情况，时间的前后变更控制在1周之内。

（二）注意事项

羊驱虫往往是成群进行，在查明寄生虫种类的基础上，根据羊的发育状况、体质、季节特点用药。羊群驱虫应先搞小群试验，用新驱虫剂或新驱虫法更应如此，然后再大群推行。

三、修蹄

羊蹄壳生长较快，如不整修，易造成畸形，系部下坐，行走不便而影响采食。所以绵羊在剪毛后和进入冬牧前宜进行修蹄。

修蹄一般在雨后进行，这时蹄质软，易修剪。修蹄时让羊坐在地上，羊背部靠在修蹄人员的两腿间，从前蹄开始，用修蹄剪或快刀将过长的蹄尖剪掉，然后将蹄底的边缘修整得和蹄底一样平齐。蹄底修到可见淡红色的血管为止，不要修剪过度。整形后的羊蹄，蹄底平整，前蹄是方圆形。变形蹄需多次修剪，逐步校正。

为了避免羊发生蹄病，平时应注意休息场所的干燥和通风，勤打扫和勤垫圈，或撒草木灰于圈内和门口，进行消毒。如发现蹄趾间、蹄底或蹄冠部皮肤红肿、跛行甚至分泌有臭味的黏液，应及时检查治疗。轻者可用10%硫酸铜溶液或10%甲醛溶液洗蹄1~2分钟，或用2%来苏儿液洗净蹄部并涂以碘酒。

第三节　羊的防疫

一、羔羊常用免疫程序

羔羊的免疫力主要从初乳中获得，在羔羊出生后1小时内，保证吃到初乳。对半月龄以内的羔羊，疫苗主要用于紧急免疫，一般暂不注射。羔羊常用疫苗和使用方法见表7.3。

表7.3　羔羊常用疫苗和使用方法

时间	疫苗名称	剂量（只）	方法	备注
出生12小时内	破伤风抗毒素	1毫升/只	肌内注射	预防破伤风
16~18日龄	羊痘弱毒疫苗	1头份	尾根内侧皮内注射	预防羊痘
23~25日龄	三联四防	1毫升/只	肌内注射	预防羔羊痢疾（魏氏梭菌、黑疫）、猝疽、肠毒血症、快疫
1月龄	羊传染性胸膜肺炎氢氧化铝菌苗	2毫升/只	肌内注射	预防羊传染性胸膜肺炎

二、成羊免疫程序

羊的免疫程序和免疫内容，不能照抄照搬，应根据各地的具体情况制定。羊接种疫苗时要详细阅读说明书，查看有效期。记录生产厂家和批号。严防接种过程中通过针头传播疾病。

经常检查羊只的营养状况，要适时进行重点补饲，防止营养物质缺乏。尤其对妊娠、哺乳母羊和育成羊更显重要。严禁饲喂霉变饲料、毒草和农药喷过不久的牧草。禁止羊只饮用死水或污水，以减少病原微生物和寄生虫的侵袭，羊舍要保持干燥、清洁、通风。

根据本地区常发生传染病的种类及当前疫病流行情况，制定切实可行的免疫程序。按免疫程序进行预防接种，使羊只从出生到淘汰都可获得特异性抵抗力，增强羊对疫病的抵抗力。成年羊免疫程序见表7.4。

表7.4　成年羊免疫程序

疫苗名称	预防疫病种类	免疫剂量	注射部位
春季免疫			
三联四防灭活苗	快疫、猝疽、肠毒血症、羔羊痢疾	1头份	皮下或肌内注射
羊痘弱毒疫苗	羊痘	1头份	尾根内侧皮内注射
羊传染性胸膜肺炎氢氧化铝菌苗	羊传染性胸膜肺炎	1头份	皮下或肌内注射
羊口蹄疫苗	羊口蹄疫	1头份	皮下注射
秋季免疫			
三联四防灭活苗	快疫、猝疽、肠毒血症、羔羊痢疾	1头份	皮下或肌内注射
羊传染性胸膜肺炎氢氧化铝菌苗	羊传染性胸膜肺炎	1头份	皮下或肌内注射
羊口蹄疫苗	羊口蹄疫	1头份	皮下注射

注：①本免疫程序供生产中参考。②每种疫苗的具体使用以生产厂家提供的说明书为准。

三、注意事项

（1）要了解被预防羊群的年龄、妊娠、泌乳及健康状况，体弱或原来就生病的羊预防后可能会引起各种反应，应说明清楚，或暂时不打预防针。

（2）对半月龄以内的羔羊，除紧急免疫外，一般暂不注射。

（3）预防注射前，对疫苗有效期、批号及厂家应注意记录，以便备查。

（4）对预防接种的针头，应做到一头一换。

第四节　羊检疫和疫病控制

羊从生产到出售，要经过出入场检疫、收购检疫、运输检疫和屠宰检疫。羊场或养羊专业户引进羊时，只能从非疫区购入，经当地兽医检疫部门检疫，并签发检疫合格证明书；运抵目的地后，再经本场或专业户所在地兽医验证、检疫并隔离观察1个月以上，确认为健康者，经驱虫、消毒，没有注射过疫苗的还要补注疫苗，方可混群饲养。羊场采用的饲料和用具，也要从安全地区购入，以防疫病传入。

一、疫病监测

（1）当地畜牧兽医行政管理部门必须依照《中华人民共和国动物防疫法》及其配套法规的要求，结合当地实际情况，制订疫病监测方案，由当地动物防疫监督机构实施，羊饲养场应积极予以配合。

（2）羊饲养场常规监测的疾病至少应包括：口蹄疫、羊痘、蓝舌病、炭疽、布鲁杆菌病。同时需注意监测外来病的传入，如痒病、小反刍兽疫、梅迪/维斯纳病、山羊关节炎/脑炎等。除上述疫病外，还应根据当地实际情况，选择其他一些必要的疫病进行监测。

（3）根据实际情况由当地动物防疫监督机构定期或不定期对羊饲养场进行必要的疫病监督抽查，并将抽查结果报告当地畜牧兽医行政管理部门，必要时还应反馈给羊饲养场。

二、发生疫病羊场的防疫措施

（1）及时发现，快速诊断，立即上报疫情。确诊病羊，迅速隔离。如发现一类和二类传染病（如口蹄疫、痒病、蓝舌病、羊痘、炭疽等）暴发或流行，应立即采取封锁等综合防疫措施。

（2）对易感羊群进行紧急免疫接种，及时注射相关疫苗和抗血清，并加强药物治疗、饲养管理及消毒管理。提高易感羊群抗病能力。对已发病的羊只，在严格隔离的条件下，及时采取合理的治疗，争取早日康复，减少经济损失。

（3）对污染的圈、舍、运动场及病羊接触的物品和用具都要进行彻底的消毒或焚烧处理。对传染病的病死羊和淘汰羊严格按照传染病羊尸体的卫生消毒方法，进行焚烧后深埋。

三、疫病控制和扑灭

（1）立即封锁现场，驻场兽医应及时进行诊断，并尽快向当地动物防疫监督机构报告疫情。

（2）确诊发生口蹄疫、小反刍兽疫时，羊饲养场应配合当地动物防疫监督机构，对羊群实施严格的隔离、扑杀措施。

（3）发生痒病时，除了对羊群实施严格的隔离、扑杀措施外，还需追踪调查病羊的亲代和子代。

（4）发生蓝舌病时，应扑杀病羊；如只是血清学反应呈现抗体阳性，并不表现临床症状时，需采取清群和净化措施。

（5）发生炭疽病时，应焚毁病羊，并对可能的污染点彻底消毒。

（6）发生羊痘、布鲁杆菌病、梅迪/维斯纳病、山羊关节炎/脑炎等疫病时，应对羊群实施清群和净化措施。

（7）全场进行彻底的清洗消毒，病死或淘汰羊的尸体按 GB 16548 进行无害化处理。

四、防疫记录

每群羊都应有相关的生产记录，其内容包括：羊只来源，饲料消耗情况，发病率、死亡率及发病死亡原因，无害化处理情况，实验室检查及其结果，用药及免疫接种情况，消毒情况，羊只发运目的地等。所有记录应妥善保存。所有记录应在清群后保存 2 年以上。建立羊卡，做到一羊一卡一号，记录羊只的编号、出生日期、外表特征、生产性能、免疫、检疫、病历等原始资料（表7.5）。

表7.5　羊防疫档案记录表

羊基本情况

羊号		羊场编号		登记日期	
品种		来源		出生日期	
毛色		初生重（千克）		外貌	

免疫记录

日期	疫苗名称	接种剂量（毫克、毫升）	接种方法	接种人员

消毒记录

日期	消毒对象	消毒剂	剂量（毫克、毫升）	消毒方法	消毒人员

疫病监测记录

日期	布鲁杆菌病	口蹄疫	羊痘	羊口疮	羊传染性胸膜肺炎	伪狂犬病	其他

羊病史记录

发病日期	病名	预后情况	实验室检查	原因分析	使用兽药

无害化处理记录

处理日期	处理对象	处理数量（只）	处理原因	处理方法	处理人员

第八章　羊病诊断与治疗技术

规模化羊场必须坚持预防为主的方针，应加强饲养管理，搞好环境卫生，做好防疫、检疫工作，坚持定期驱虫、预防中毒等综合性防治措施。对常见羊病及时、准确的诊断和防治也是保证规模化羊场健康养殖的前提。规模化羊场一定要对羊易感染的各种传染性疾病和寄生虫病做好诊断和治疗。

第一节　羊的健康检查

一、羊的生理常数

羊正常体温为38～39.5℃，羔羊高出约0.5℃，剧烈运动或经暴晒的病羊，须休息半小时后再测温。健康羊脉搏数70～80次/分。健康羊呼吸频率为12～20次/分，一般都是胸腹式呼吸，胸壁和腹壁的运动都比较明显，呈节律性运动，吸气后紧接呼气，经短暂间歇，又行下一次呼吸。在正常情况下羊用上唇摄取食物，靠唇舌吮吸把水吸进口内饮水（表8.1）。

正常时羊瘤胃左侧肷窝稍凹陷，瘤胃收缩次数每两分钟2～4次，听诊瘤胃蠕动音类似沙沙声，在肷窝隆起时最强，以后逐渐减弱（表8.2）。羊粪呈小而干的球样。羊排尿时，都取一定姿势。

表 8.1 羊的体温、呼吸、脉搏（心跳）数值

年龄	性别	体温（℃）		呼吸（次/分）		脉搏（次/分）	
		范围	平均	范围	平均	范围	平均
3～12 月龄	公	38.4～39.5	38.9	17～22	19	88～127	110
	母	38.1～39.4	38.7	17～24	21	76～123	100
1 岁以上	公	38.1～38.8	38.6	14～17	16	62～88	78
	母	38.1～39.6	38.6	14～25	20	74～116	94

表 8.2 羊的反刍情况和瘤胃蠕动次数

年龄	每个食团咀嚼次数		每个食团反刍时间（秒）		反刍间歇时间（秒）		瘤胃蠕动次数（5 分钟）	
	范围	平均	范围	平均	范围	平均	范围	平均
4～12 月龄	54～100	81	33～58	44	4～8	6	9～12	11
1 岁以上	69～100	76	34～70	47	5～9	6	8～14	11

二、羊临床检查指标

（一）体温

1. 发热 体温高于正常范围称为发热。

2. 微热 体温升高 0.5～1℃称为微热。

3. 中热 体温升高 1～2℃称为中热。

4. 高热 体温升高 2～3℃称为高热。

5. 过高热 体温升高 3℃以上称为过高热。

6. 稽留热 体温高热持续 3 天以上，上午、下午温差 1℃以内，称为稽留热。见于纤维素性肺炎。

7. 弛张热 体温日差在 1℃以上而不降至常温的，称弛张热。见于支气管肺炎、败血症等。

8. 间歇热 体温有热期与无热期交替出现，称为间歇热。见于血孢子虫病、锥虫病。

9. 无规律发热 发热的时间不定，变动也无规律，而且体温的温差有时相差不大，有时出现巨大波动，见于渗出性肺炎等。

10. 体温过低 体温在常温以下，见于产后瘫痪、休克、虚脱、

极度衰弱和濒死期等。

（二）脉搏

羊利用股动脉检脉。检查时，通常用右手的食指、中指及无名指先找到动脉管后，用3指轻压动脉管，以感觉动脉搏动，计算1分钟的脉搏数（健康羊脉搏数70～80次/分）。发热性疾病、各种肺脏疾病、严重心脏病以及贫血等均能引起脉搏数增多。

（三）呼吸

1. 呼吸数增多 临床上常见能引起脉搏数增多的疾病，多能引起呼吸数增多。另外，呼吸疼痛性疾病（胸膜炎、肋骨骨折、创伤性网胃炎、腹膜炎等）也可致使呼吸数增多。呼吸数减少，见于脑积水、产后瘫痪和气管狭窄等。

2. 呼吸运动 在病理状态下可出现胸式呼吸（吸气时胸壁运动比较明显）或腹式呼吸（吸气时腹壁的运动比较明显）。吸气后紧接呼气，经短暂间歇，又行下一次呼吸。一般吸气短而呼气略长，可因兴奋、恐惧和剧烈运动等而发生改变。如呼吸运动长时间变化，则是病理状态。临床上常见的呼吸节律变化有潮式呼吸、间歇呼吸、深长呼吸三种。

3. 呼吸困难

（1）吸气性呼吸困难：吸气用力，时间延长，鼻孔开张，头颈伸直，肘向外展，肋骨上举，肛门内陷，并常听到类似哨声样的狭窄音。主要是气息通过上呼吸道发生障碍的结果。见于鼻腔、喉、气管狭窄的疾病和咽淋巴结肿胀等。

（2）呼气性呼吸困难：呼气用力，时间延长，背部拱起，肷窝变平，腹部容积变小，肛门凸出，呈明显的二段呼气，于肋骨和软肋骨的结合处形成一条喘沟，呼气越困难喘沟越明显，是肺内空气排出发生障碍的结果。见于细支气管炎和慢性肺气肿等。

（3）混合性呼吸困难：吸气和呼气都困难，而且呼吸加快。由于肺呼吸面积减少，或肺呼吸受限制，肺内气体交换障碍，致使血中二氧化碳蓄积和缺氧而引起。见于肺炎、胸膜炎等疾病。心源性、中毒性等呼吸困难也属于混合性呼吸困难。

（四）采食和饮水

1. 采食障碍 表现为采食方法异常，唇、齿和舌的动作不协调，很难把食物纳入口内，或刚纳入口内，未经咀嚼即脱出。见于唇、舌、牙、颌骨的疾病及各种脑病，如慢性脑水肿、脑炎、破伤风、面神经麻痹等。

2. 咀嚼障碍 表现为咀嚼无力或咀嚼疼痛。常于咀嚼突然张口，上下颌不能充分闭合，致使咀嚼不全的食物掉出口外。见于佝偻病、骨软症、放线菌病等。此外，由于咀嚼的齿、颊、口黏膜、下颌骨和咬肌等的疾病，咀嚼时引起疼痛而出现咀嚼障碍。神经障碍，也可出现咀嚼困难或完全不能咀嚼。

3. 吞咽障碍 吞咽时或刚吞咽后，动物摇头伸颈、咳嗽，由鼻孔逆出混有食物的唾液和饮水。见于咽喉炎、食管阻塞及食管炎。

4. 饮水 在生理情况下饮水多少与气候、运动和饲料的含水量有关。在病理状态下，饮欲可发生变化，出现饮欲增加或饮欲减退。饮欲增加见于热性病、腹泻、大出汗以及渗出性胸膜炎的渗出期。饮欲减退见于伴有昏迷的脑病及某些胃肠病。

（五）瘤胃

肷窝深陷，见于饥饿和长期腹泻等。瘤胃鼓胀时，上部腹壁紧张而有弹性，用力强压也难以感知瘤胃内容物性状。前胃弛缓时，内容物柔软。瘤胃积食时，感觉内容物坚实。胃黏膜有炎症时，触诊有疼痛反应。瘤胃收缩无力、次数减少、收缩持续时间短促，表示其运动功能减退，见于前胃弛缓、创伤性网胃炎、热性病以及其他全身性疾病。听诊瘤胃蠕动音加强，表示瘤胃收缩增强。蠕动音减弱或消失，表示前胃弛缓或瘤胃积食等。

（六）排粪

粪便稀软甚至水样，表明肠消化功能障碍、蠕动加强，见于肠炎等。粪便硬固或粪便球干小表明肠管运动功能减退，或肠肌弛缓，水分大量被吸收，见于便秘初期；褐色或黑色粪表明前部肠管出血，粪便表面附有鲜红色血液表明后部肠管出血；黄疸素减少，粪便酸臭、腐败腥臭时表明肠内容物强烈发酵和腐败，见于胃肠炎、消化不良等；腐败物中混有虫体见于胃肠道寄生虫病。

（七）排尿

1. 尿失禁　羊未取排尿姿势，而经常不自主地排出少量尿液为尿失禁，见于腰荐部脊髓损伤和膀胱括约肌麻痹。

2. 尿淋漓　尿液不断呈点滴状排出时，称为尿淋漓，是由于排尿功能异常亢进和尿路疼痛刺激而引起，见于急性膀胱炎和尿道炎等。

3. 排尿带痛　动物排尿时表现痛苦不安、努责、呻吟、回顾腹部和摇尾等。排尿后仍长时间保持排尿姿势。排尿疼痛见于膀胱炎、尿道炎和尿路结石等。

三、羊临床检查方法

（一）集体检查

活动、休息和采食饮水 3 种情况的检查，是对大群羊进行临床检查的三大环节；眼看、耳听、手摸、检温是对大群羊进行临床检查的主要方法。使用“看、听、摸、检”的方法经过“动、静、食”三态的检查，能够把大部分病羊从羊群中检查出来。活动时的检查，是在羊群的自然活动和人为驱赶活动时的检查，从不正常的动态中找出病羊。休息时的检查，是在维持羊群安静的情况下，进行看和听，以检出姿态和声音异常的羊。采食饮水时的检查，是在羊自然采食和饮水时进行的检查，以检出采食饮水有异常表现的羊。

1. 活动时的检查　首先察看羊的精神外貌和姿态步样。健康羊精神活泼，步态平稳，不离群，不落伍。而病羊多精神不振，沉郁或兴奋不安，步态踉跄，跛行，前肢软弱跪地或后肢麻痹，有时突然倒地发生痉挛等。应将其挑出进行个体检查。其次，留意察看羊的天然孔及分泌物。健康羊鼻镜湿润，鼻孔、眼及嘴角干净；病羊则表现鼻镜单调，鼻孔流出分泌物，有时鼻孔周围污染脏土杂物，眼角附着脓性分泌物，嘴角流出唾液，应将其剔出复检。

2. 休息时的检查　首先有次序地并尽可能地逐只察看羊的站立和躺卧姿态，健康羊吃饱后多合群卧地休息，时而进行反刍，当有人接近时经常起身离去。病羊常独自呆立一旁，肌肉震颤及痉挛，或离群单卧，长时间不见其反刍，有人接近也不动。其次，要留意羊的天然孔、分泌物及呼吸情况等。再次，必须留意被毛情况，如果发现被毛有脱落之处，无毛部位有痘疹或痂皮时，以及听到有羊发出磨牙、咳嗽或喷嚏声时，均应剔出来检查。

3. 采食饮水时的检查 是在放牧、喂饲或饮水时对羊的食欲及采食饮水情况进行察看。健康羊在放牧时多走在前头，边走边吃草，饲喂时也多抢着吃；饮水时，多迅速奔向饮水处，争先喝水。病羊吃草时，多落在后边，时吃时停，或离群呆立不吃草；饮水减少、不喝或暴饮，应予剔出复检。

（二）个体检查

1. 问诊 了解羊群和病羊的生活史与患病史，着重了解以下三方面。一是病羊发病时间和病后主要表现，附近其他羊只有无类似疾病发生；二是饲养管理情况，主要了解饲料种类和饲喂量；三是治疗经过，了解用药种类和效果。

2. 视诊 视诊是用眼睛或借助器械观察病羊的各种异常现象，是识别各种疾病不可缺少的方法，特别对大羊群中发现病羊更为重要。视诊时，先观察全貌，如精神、营养、姿势等。然后再由前向后察看，即头部、颈部、胸部、腹部、臀部及四肢等处，注意观察体表有无创伤、肿胀等现象。最后让病羊运动，观察步行状态。

3. 触诊 触诊是利用手的感觉进行检查的一种方法。根据病变的深浅和触诊的目的可分为浅部触诊和深部触诊。浅部触诊的方法是检查者的手放在被检部位上轻轻滑动触摸，可以了解被检部位的温度、湿度和疼痛等；深部触诊是用不同的力量对病羊进行按压，以了解病变的性质。

4. 叩诊 叩诊就是叩打动物体表某部，使之振动发生声音，按其声音的性质以推断被叩组织、器官有无病理改变的一种诊断方法。羊常用指叩诊。根据被叩组织是否含有气体，以及含气量的多少，可出现清音、浊音、半浊音和鼓音。

5. 听诊 直接用耳听取音响的，称为直接听诊，主要用于听取病羊的呻吟、喘息、咳嗽、喷嚏、嗳气、磨牙及高朗的常音等。用听诊器进行听诊的称为间接听诊，主要用于心、肺及胃肠检查。

6. 嗅诊　嗅诊就是闻病畜的排泄物、分泌物、呼出气、口腔气味以及深入畜舍了解卫生状况，检查饲料是否霉败等的一种方法。

四、羊病的诊断

尽早识别病羊，不仅能有效控制疾病的传播，而且能尽早采取相应的治疗方法，减少因疾病带来的损失。

（一）羊病的诊断

1. 看体态　健康羊膘满肉肥，体格强壮，病羊则体弱。患慢性病和寄生虫病的羊都显得比较瘦弱，疾病后期往往瘦得皮包骨。急性病的初期不会出现消瘦，只是精神明显不好。

2. 看皮毛　健康羊被毛发亮、整洁、富有弹性。如果羊毛粗乱无光、蓬乱易断，皮肤松弛不洁则是慢性病羊常有的表现，特别是内外寄生虫病感染的时候，情况更为严重。

3. 看行动　健康的羊不论采食或休息，常聚集在一起，休息时多呈半侧卧势，人一接近即行起立；病羊食欲、反刍减少，常常离群卧地，出现各种异常姿势。健康羊眼睛明亮有神，洁净湿润，听觉灵敏，胆小又灵活；发病羊则精神萎靡，眼睛无神，头低耳垂，感觉比较迟钝。健康羊只发出洪亮而有节奏的叫声；病羊叫声高低常有变化，甚至不用听诊器就可听见呼吸声及咳嗽声、肠音；病羊表现不愿抬头，听力、视力减弱，行走缓慢，重者离群掉队。羊中毒时常常是低头呆立，感染寄生虫的病羊则显得懒散而疲倦。

4. 看鼻液　健康羊没有鼻液，但鼻镜湿润、光滑，常有微细的水珠。若发现稀薄、黏性或脓性鼻液，鼻镜干燥、不光滑，表面粗糙，则是羊只患病的征兆。

5. 看饮食　健康羊采草时争先恐后，抢着吃头排草。吃草减少常发生于患病初期，食欲废绝多见于重病，尤其是肠胃方面的疾病，大量饮水常出现在严重腹泻的前期。

6. 看反刍　羊正常的反刍轻快有力，时间和次数都有规律，这是健康羊的重要标志。一般羊在采食30～50分钟后，经过休息便可进行第一次反刍，每次反刍要持续30～60分钟，24小时内要反刍4～8次。但在发生肠胃病或传染病时，反刍次数减少、缓慢甚至停止。

7. 看黏膜 健康羊黏膜是淡红色的。若黏膜苍白色，可能是患贫血、营养不良或感染了寄生虫；而结膜潮红是发炎和患某些急性传染病的症状；结膜发绀呈暗紫色多为病情严重。健康羊口腔黏膜为淡红色，用手摸感到暖手，无恶臭味。病羊口腔时冷时热，黏膜淡白或潮红干涩、流涎，有恶臭味。健康羊的舌头呈粉红色且有光泽、转动灵活、舌苔正常。病羊舌头活动不灵、软绵无力、舌苔薄而色淡或舌苔厚而粗糙无光。

8. 看粪便 健康羊的粪呈椭圆形粒状，成堆或呈现链条状排出，粪球表面光滑、较硬，补喂精饲料的良种羊的粪便呈较软的团块状，无异味。便秘时粪粒又干又小；下痢时常为黑绿色；病羊如患寄生虫病多出现软便，颜色异常，呈褐色或浅褐色，异臭。肾脏和膀胱等器官发病时，常有排尿困难、尿液混浊或带血，有时带有刺鼻的异味。健康羊小便清亮无色或微带黄色，并有规律；病羊大小便不正常，大便或稀或硬，甚至停止，小便色黄或带血。

9. 测体温 体温是羊健康与否的晴雨表，羊的体温可用体温计在肛门测定，正常体温是39.5～40.5℃。如发现羊精神失常，可用手触摸角的基部或皮肤，无病的羊两角尖凉，角根温和。贫血时体温降到正常以下；急性热性病时，羊体温升高，而体温突然下降常是临死的前兆。

10. 测呼吸 待羊只安静后，将耳朵贴在羊胸部肺区，可清晰地听到肺脏的呼吸音。健康羊每分钟呼吸12～20次，能听到间隔匀称，带“嘶嘶”声的肺呼吸音。病羊则出现“呼噜、呼噜”节奏不齐的拉风箱似的肺泡音，呼吸次数在急性发热时增加，中毒时常减少。

（二）羊病的快速诊断

1. 流产 羊因疾病而导致流产的主要症状表现见表8.3。

表 8.3　流产的主要症状

疾病类别	疾病名称	主要症状
传染病	布鲁杆菌病	绵羊流产达30%~40%，其中有7%~15%的死胎；流产前2~3天，精神萎靡、食欲消失、喜卧，常由阴门排出黏液或带血的黏性分泌物；山羊敏感性更高，常于妊娠后期发生流产，新感染的羊群流产率可高达50%~60%
	沙门杆菌病	发生于产前6周，病羊精神沉郁、食欲减退，体温40.5~41.6℃，有时腹泻；第一年损失约10%，严重者可高达40%~50%
	胎儿弯曲菌病	发生于产前4~6周，发病羊可达50%~60%
	李氏杆菌病	有神经症状，昏迷，有时转圈，流产发生于妊娠3个月以后，流产率达15%
	口蹄疫	口腔、蹄子有水疱，母羊常发生流产
	威尔塞斯布朗病	妊娠母羊发热流产，娩出死羔，死羔率占5%~20%
	地方流行性流产	绵羊流产及早产最常发生于第二胎，多为死胎；山羊流产80%发生于第一、二胎，通常只流产1次
	土拉杆菌病	体温高达40.5~41.0℃，母羊发生流产和死胎
	衣原体病	以发热、流产、死产和产出弱羔为特征；流产常发生于妊娠中后期。羊群中首次发生时流产率可达20%~30%，流产前数日食欲减少，精神不振；流产后常发生胎衣不下
	绵羊传染性阴道炎	体温增高达41.7℃，常引起流产
	裂谷热	体温升高，血尿、黄疸、厌食；孕羊流产有时为绵羊患病的唯一特征
	支原体性肺炎	除主要表现肺炎症状外，孕羊可发生流产
	Q热	流产损失为10%~15%，病羊发生肺炎和眼病
	内罗毕绵羊病	体温升高持续7~9天，母羊常发生流产
	边界病	有神经症状，表现抖毛；母羊最明显的症状是流产，常娩出瘦弱胎儿或干尸化胎儿

续表

疾病类别	疾病名称	主要症状
寄生虫病	弓形虫病	流产可发生于妊娠后半期任何时候，但多见于产前1个月内，损失不超过10%
	住肉孢子虫病	发热、贫血、淋巴结肿大、腹泻，有时跛行，共济失调，后肢瘫痪；孕羊可发生流产，部分胎儿死亡
	蜱传热	体温升高到40～42℃，约有30%妊娠羊流产
	蜱性脓毒血症	体温升高到40～41.5℃，持续9～10天，可引起母羊流产和公羊不育
普通病	中毒病	许多中毒都可引起流产，常常呈群发性
	灌药错误	发生于用药后1～2天
	妊娠毒血症	发生于产前1～2周
	维生素A缺乏	母羊发生流产、死胎、弱胎及胎衣不下
	安哥拉山羊流产	应激性流产发生于妊娠90～120天，胎羔常为活产，习惯性流产的胎儿水肿、死亡

2. 死胎和羔羊死亡 羊因疾病而导致死胎和羔羊死亡的主要症状表现见表8.4。

表8.4 死胎和羔羊死亡的主要症状

疾病类别	疾病名称	主要症状
传染病	败血症和恶性水肿	主要发生于剪号（打耳标）以后；病羊体温升高。剖检见心壁、肾脏和其他器官出血，通常可见到剪号（打耳标）伤或脐部受感染；大腿内侧上部发黑，组织肿胀，含有红色血清和气体
	肠毒血症	抽搐、昏迷、髓样肾；肠子脆弱，含有乳脂样内容物
	黑疫	见于有肝片吸虫的地区，剖检见肝脏内有坏死组织，皮肤发黑，心包内液体增多
	黑腿病	本病与恶性水肿相似，但当切开肌肉时，可见肌组织有时较干

续表

疾病类别	疾病名称	主要症状
传染病	破伤风	主要发生于羔羊剪号（打耳标）后
	口疮	有并发症时可引起死亡，特征是唇部、鼻镜及小腿上有黑痂
	脐病	脐部发炎，可引起败血症和关节跛行
	羔羊痢疾	下痢带血
	钩端螺旋体病	产死羔，受感染的羊可达到3月龄，有血尿、黄疸、贫血，体温升高
	梭菌性感染	包括肠毒血症、黑疫、黑腿病、痢疾，也包括其他梭菌感染
	布氏杆菌病	产死羔或弱羔，流产，弱羔常因冻饿而死
	胎儿弧菌感染	流产出死羔或将死的羔羊
	李氏杆菌感染	流产出死羔或将死的羔羊，有转圈子症状
	弓形虫病（Ⅱ型流产）	流产出死羔或将死的羔羊，在子叶绒毛的末端有白色针尖状的坏死灶
	链球菌性子宫感染	流产出死羔或将死的羔羊，体温升高，阴门有排出物
	坏死性肝炎	持续性拉稀；肝肿大，且有许多坏死区
寄生虫病	绿头苍蝇侵袭	主要发生于剪号（打耳标）之后，犬、狐狸、乌鸦咬啄之后
	球虫病	拉血粪，剖检可见肠道发炎
普通病	肺炎	体温升高，痛苦地咳嗽，呼吸困难，喘息
	饲喂紊乱	母羊患乳房炎或其他疾病，以致羔羊不能吃奶，会导致死亡
	关节炎	主要发生于剪号（打耳标）之后，有时也见于剪号（打耳标）之前
	麻痹	主要发生于羔羊剪号（打耳标）之后1～2周，也可发生于断尾或去势之后，都是由于脊柱内形成脓肿所致
	酚噻嗪中毒	妊娠最后2周给母羊灌药，可导致产死羔（未足月或足月）

续表

疾病类别	疾病名称	主要症状
普通病	碘缺乏和甲状腺肿	有时甲状腺肿大
	地方性共济失调	步态蹒跚、麻痹，以致死亡
	分娩时受到损伤	大的健康羔羊可因分娩时受到损伤，而使肝、脾、肺破裂或发生窒息
	产羔过程中冻饿、天气不好或发生急症	可导致羔羊死亡

3. 突然死亡（先兆症状很少或者没有） 羊因疾病而导致突然死亡的主要症状表现见表8.5。

表8.5 突然死亡的主要症状

疾病类别	疾病名称	主要症状
传染病	羊快疫	病羊痛苦、胀气、昏迷而死亡，第四胃发炎或坏死，肾和脾变软而呈髓样，腹腔有渗出液
	羊肠毒血症	主要危害青年羊，感染羊数多，见于饲料丰富或吃多汁饲料的时期，可死于痉挛（主要为羔羊）或昏迷（主要为成年羊），肾脏肿大或呈髓样肾；小肠几乎是空的，内容是乳酪样，肠子容易破裂；心包液增多，心肌出血；体温不升高
	黑疫	发生于有肝片吸虫的地区，在体况良好的青年羊最为典型。在肝脏上有小面积的灰色坏死区
	炭疽	通常一发生即死亡。尸体膨胀，口鼻及肛门流出血液。禁止打开尸体，如果已错误地做了剖检，可发现脾肿大而柔软，在身体各部分有许多出血点，胃、肠严重发炎，大多数发生在夏季
	公羊肿头病	肝脏显有新近的肝片形吸虫感染；剥皮以后，可见皮肤内面呈深红色或黑色（因为充血）；病羊死前无挣扎，心包有积液，主要见于公羊；组织内有黄色液体，体温高；通常发生于抵架之后；先是眼皮肿胀，以后由头、颈下部延至胸下
	沙门杆菌感染	肝脏充血，肠系膜淋巴结肿大，脾脏肿大；有不同程度的肠胃炎；呈流行性；有些病羊可缠绵2～3天

续表

疾病类别	疾病名称	主要症状
传染病	破伤风	主要见于羔羊，常发生在剪号或剪毛后；特点是肌肉僵硬和牙关紧闭，接着发生强直性痉挛，常常胀气而迅速死亡
	急性水肿和黑腿病	感染部位的周围肿胀、发黑，最常见于剪毛、药浴或剪号以后；可能发生胀气，鼻孔有泡沫；有时生殖道排出黑色而有不良气味的液体
	类鼻疽	摇摆、侧卧，眼鼻有分泌物，肺脾有绿色脓肿，鼻黏膜有溃疡；关节有感染，转圈，迟钝而死亡
	羔羊痢疾	拉痢中带血，迅速死亡
	败血症	与不同微生物引起的恶性水肿相似；全身性出血，特别是淋巴结和肾脏
寄生虫病	急性片形吸虫病	患羊贫血（结膜苍白），肝脏肿大发黑；肝内有肝片形吸虫造成的出血通道，腹腔有大量血色液体
	严重的寄生虫感染	显著贫血，第四胃有大量捻转胃虫（常在肥胖的情况下可因贫血而死亡）。一般见于羔羊及青年羊；如果是在湿热季节，在严重感染的牧场上可因为突然严重感染而贫血致死亡
普通病	肿气病	腹围胀大，特别是左侧更为明显；见于大量饲喂青草的情况下
	急性肺炎	流鼻、咳嗽，急者突然死亡，但常常是延滞数日而死亡
	低血钙症	主要发生于产羔母羊，见于吃青草的情况下；大多为突然发病，跌倒、挣扎、麻痹、昏迷而死；家庭饲养（饲养不良）或者用含有草酸的植物饲喂均可促发本病；有的羊突然死亡，有的可能延迟数日死亡；注射钙剂可以挽救
	草地抽搐	与低血钙症相似，但更易兴奋，单独用钙无效，需加用镁
	植物中毒	主要是因为吃了产生氢氰酸的植物或含有硝酸钠的植物。主要症状是口流泡沫，鼓气，呼出气中带有杏仁气味，死前黏膜发红或发绀；刺激性植物可引起肠胃炎；其他杂草可引起蹒跚、痉挛、疯狂和昏迷

续表

疾病类别	疾病名称	主要症状
普通病	中毒	砷中毒较常见，主要见于腐蹄病的浸浴，特征是胃肠炎、下痢
	全身性中毒	其症状依化学性质而不同：刺激剂会引起肠胃炎，士的宁会引起抽搐等
	蛇咬伤	主要见于奇蹄动物，羊发生很少；特征是昏迷、死亡
	毒血性黄疸（急性）	皮肤及内脏器官黄染，步态蹒跚，迅速消瘦，尿呈褐色或红色；尸体发黄，肝呈橘黄色，肾脏呈黑色
	卡车运输死亡	肥羊在用卡车运输时，常于卸下时发生死亡；特征是麻痹，后肢跨向后外方，取爬卧姿势；是由于低血钙所致
	结石	主要见于阉羊，有时发生于种公羊，病羊由精神沉郁到死亡；剖检可发现结石
	鸦啄病	发生于眼窝，一般见于产羔之后
	热射病	毛厚的羊，如果在日光暴晒之下或密闭拥挤的羊舍内，均容易发生

4. 延迟数日死亡 羊因疾病而导致的延迟数日死亡的主要症状表现见表 8.6。

表 8.6 延迟数日死亡的主要症状

疾病类别	疾病名称	主要症状
传染病	恶性水肿	有些病例可延迟数日才死亡，在绵羊常常可延迟数日，伤口周围的皮肤和皮下组织发炎
	黑腿病和败血症	主要发生于剪毛、药浴、剪号或其他手术之后，也可见于注射抗肠毒血症疫苗之后；特征是从产道排出黑色分泌物，体温升高
	沙门杆菌感染	有些病例可延迟数日死亡，病羊体温升高，胃肠道充血，下痢
	肠毒血症	慢性型，精神沉郁，下痢，食欲减少，一般均发生死亡，死后 1 小时左右呈髓样肾
	羊快疫	有些病例可延迟 1 ~ 2 天

续表

疾病类别	疾病名称	主要症状
传染病	公羊肿头病	2天多死亡，肿胀组织内含有清亮的黄色液体，但在败血症病例则含有血色液体
	破伤风	大部分羊数日死亡，病羊痉挛、僵直、胀气、死亡
	口疮	发生于羔羊，病羊鼻子、面部、小腿有痂；可能继发细菌性感染，有并发病者常引起死亡
	李氏杆菌性感染	较少见，病羊转圈、呆滞、死亡；有些病例发生流产和繁殖障碍
寄生虫病	寄生虫感染	大部分不会死亡，如果死亡可延迟一些时间，病羊贫血或下痢，剖检可发现有寄生虫
	绿头苍蝇侵袭	由于蝇蛆造成的严重发炎和损害，继发性的蝇蛆能够深入组织，引起严重发炎，且可引起毒血症或败血症而死亡
普通病	肉毒中毒	有吃腐肉或其他陈旧有机物质的病史，病羊体温降低，发生迟缓性麻痹
	肺炎	流鼻涕，咳嗽，气喘，体温升高；症状因原因而异，大部分经过一些时日死亡，因灌药造成的肺炎（肺坏疽），症状严重而迅速死亡
	妊娠中毒症	体温不升高，发病慢，有时表现迟钝，瞎眼，麻痹，剖检可发现有脂肪肝，常怀双羔
	亚急性中毒性黄疸	特别多见于发病的后期
	低血钙症	也可以延长数日才死亡
	植物中毒	许多病例表现其特有症状，延迟数日而死
	四氯化碳中毒	有灌服四氯化碳史，病羊精神沉郁，昏迷而死亡
	龟头炎	见于阉羊，包皮鞘周围有局部炎症，病羊精神沉郁、不安、昏迷以后死亡
	光敏感	有吃光敏感植物史，皮肤瘙痒，无毛部分肿胀

5. 下痢　羊因疾病而导致下痢的主要症状表现见表8.7。

表 8.7 下痢的主要症状

疾病类别	疾病名称	主要症状
传染病	肠毒血症	下痢时间很短，一般羔羊死亡很突然，成年羊病程慢可延长，剖检见髓样肾，心包积液，肠脆弱
	沙门杆菌病	肠道发炎，肝脏充血，肺炎，心肌出血
	副结核	有断续性下痢，有时大肠黏膜增厚而皱缩
寄生虫病	黑痢虫病（毛圆线虫病）	剖检见小肠内有寄生虫
	球虫病	侵袭4周至6个月的小羊，肠壁上有黄色大头针样的结节，小肠有绒毛肉头瘤
普通病	败血症	心肌、肾脏和其他部位出血，下痢被认为是继发性症状
	青草饲喂	长期吃干草之后突然给予多汁饲料可以引起下痢
	饲养紊乱	大量饲喂饼渣或不适当的干日粮，常常发生下痢
	中毒	许多中毒都可发生下痢，如砷、磷及所有刺激性毒物，某些植物性毒物
	矿物质不足和不平衡	铜不足、钴不足和其他矿物质不平衡均可发生下痢，特征都是贫血和步态蹒跚
	羔羊发育不良	主要表现为消瘦、流鼻液和有不同的消耗性继发症

6. 流鼻液和（或）咳嗽 羊因疾病而导致流鼻液和（或）咳嗽的主要症状表现见表8.8。

表 8.8 流鼻液和（或）咳嗽的主要症状

疾病类别	疾病名称	主要症状
传染病	放线菌感染	产生鼻腔病灶，有时发生流鼻液现象
	类鼻疽	鼻黏膜溃烂；肺炎，不同器官发生脓肿
寄生虫病	肺寄生虫	死后剖检可发现肺丝虫
	鼻蝇蚴病	鼻腔内有鼻蝇幼虫，且有地区性病史
普通病	肺炎	肺炎有14种类型；其共同特点是咳嗽，体温高，精神沉郁，食欲废绝，且有羊群病史
	灌药错误造成的	灌药技术不良可造成化脓性肺炎以及咽、喉和头部的损伤

续表

疾病类别	疾病名称	主要症状
普通病	植物损伤	部分植物能够引起肺炎和流鼻液
	羊栏内灰尘太大	可引起鼻阻塞
	营养不良	羔羊或幼羊的流鼻液为营养不良的症状之一
	鼻半塞	容易见到，常成群发生，主要是流鼻液，没有全身症状

7. 惊厥　羊因疾病而导致惊厥的主要症状表现见表8.9。

表8.9　惊厥的主要症状

疾病类别	疾病名称	主要症状
传染病	肠毒血症	羔羊在死亡以前发生惊厥，死后肠脆薄，有髓样肾变化，心包积液
	破伤风	步态蹒跚，痉挛，全身僵直，头向后仰，腿直伸，蹄向外，发生于剪号、去势、剪毛之后
普通病	士的宁中毒	痉挛以致死亡
	牧草强直	共济失调，麻痹，注射镁制剂及矿物质有效
	植物蹒跚	不少植物能够引起打战、步态蹒跚和惊厥
	转圈病	转圈，神经紊乱，最后惊厥和昏迷
	乳热病	有时步态蹒跚，出现惊厥现象
	酮血症	可能与乳热病或牧草强直相混淆，但酮试验为阳性
	中毒	当前许多复杂的中毒，例如有机磷化合物及其他不少药品中毒，都能够影响神经系统

8. 黄疸　羊因疾病而导致黄疸的主要症状表现见表8.10。

表8.10　黄疸的主要症状

疾病类别	疾病名称	主要症状
传染病	钩端螺旋体病	流产、产出死羔、血尿、黄疸
普通病	黄大头病	除了发黄以外，皮肤敏感，有地区性史——饲喂过致病的植物
	毒血症黄疸	皮肤和黏膜发黄，尿色黄，突然死亡或渐进性消瘦，肾脏发紫

续表

疾病类别	疾病名称	主要症状
普通病	铜中毒	补铜过量，由于吃了含铜多的植物而使肝脏受损，用硫酸铜蹄浴，为了消灭螺、绦虫而用大量硫酸铜
	光敏感	除了黄疸外，皮肤脱落和坏死
	面部湿疹	放牧在青葱的草场上，有地区史，面部和乳房有湿疹
	肝炎	有造成肝功能受损的原因等的肝中毒（磷、四氯化碳等）
	亚硝酸盐中毒	血液、皮肤及黏膜均带褐色

9. 头部肿胀 羊因疾病而导致头部肿胀的主要症状表现见表8.11。

表8.11 头部肿胀的主要症状

疾病类别	疾病名称	主要症状
传染病	公羊肿头病	通常发生于抵架或受伤以后，伤口局部含有黄色或血液渗出液，衰竭、突然死亡
	放线杆菌病及放线枝菌病	头面部有多数肿块，或者下颌或面部的骨头肿大
	黑腿病恶性水肿及其他局部败血性感染	均可产生炎性肿胀
	干酪样淋巴结炎	颌下或耳朵附近的淋巴结肿大
	口疮	鼻镜和面部有黄色至黑色结痂，主要感染羔羊
寄生虫病	蝇子侵袭症	蜂窝织炎被蝇蛆侵袭引起肿胀，其特征是体温升高、衰竭、羊毛被分泌物浸湿
	水肿性肿胀	发生于颌下，形成所谓“水葫芦”，一般是由于严重的寄生虫感染所引起，有时是因为营养不良引起的虚弱
普通病	大头病	头部皮肤及黏膜黄染，头部组织有水肿性肿胀，通常与光过敏的其他症状并发
	光过敏	耳部及鼻镜皮肤发红，接着发生水肿，有炎性渗出物，甚至组织脱离；羊只找寻阴凉处，在对酚噻嗪光过敏的情况下会发生角膜炎

续表

疾病类别	疾病名称	主要症状
普通病	灌药性损伤	用自动注射器或药枪粗鲁地灌药所引起，特别是用硫酸铜、砷制剂或烟碱的情况下，因为有黄色炎性渗出液而发生大面积的肿胀，可以看到口腔的创伤
	鸦啄症	鸦啄之后，可引起眼窝的败血性感染
	肿瘤	可以发生于头部或身体的任何部位，最常见于耳朵上
	草籽脓肿	为含有脓汁的肿胀，切开时可以看到排出物中含有草籽
	变态反应	由于植物、食物或昆虫刺蜇引起的斑块状肿胀或生面团样肿胀

10. 身体其他部位肿胀　羊因疾病而导致身体其他部位肿胀的主要症状表现见表 8. 12。

表 8. 12　身体其他部位肿胀的主要症状

疾病类别	疾病名称	主要症状
传染病	干酪样淋巴结炎	受害的淋巴结肿大；切开肿大的淋巴结，其中含有典型的绿黄色豆渣样脓块
	局部感染	可发生肿胀
普通病	恶性肿瘤	可发生于身体的任何部位
	脓肿	由于草籽或其他原因所引起，肿胀处含有脓
	腹肌破裂	肿胀位于腹部下面或后腿前方，若使羊仰卧并用手按压，肿胀即消失
	腹部胀气和扩张	特别表现在腹部左侧

11. 跛行　羊因疾病而导致跛行的主要症状表现见表 8. 13。

表 8. 13　跛行的主要症状

疾病类别	疾病名称	主要症状
传染病	腐蹄病	蹄壳下方有灰色坏死组织块，以后蹄壳脱落，在羊群中有流行
	关节炎（化脓性和非化脓性）	主要发生于羔羊剪号之后，有时见于断尾之后；也曾见于剪毛的药浴之后的成年羊

续表

疾病类别	疾病名称	主要症状
传染病	口疮	小腿和蹄子上有黑痂
	类鼻疽	很少见，特征是步态蹒跚，眼鼻有分泌物，关节肿胀，有时发生关节炎而引起跛行
寄生虫病	类圆线虫	小腿和膝关节的皮肤发炎和肿胀，表现提步或跳舞或跛行
	恙螨病、毛虱仔虫病	蹄冠周围发红，局部有咬伤，有时有溃疡和跛行
	蝇子侵袭症	腿上腐烂常会引起跛行
普通病	蹄脓肿	仅一肢发生急性跛行，趾间有绿黄色脓汁，甚至可涉及深层组织，向上可以高达膝部
	蹄叶炎	有吃大量新谷粒史或有严重热性病史，病羊急性跛行，大多数严重病例蹄壳脱落
	草籽脓肿	引起步态僵硬或跛行
	药浴后的跛行	用不含杀菌药的液体药浴以后，容易见到跛行
	三叶草烧伤	由于蹄壳太长，污秽的腐败物超过趾关节
	跛行、损伤及骨折	均能引起跛行

12. 皮肤发黑 羊因疾病而导致皮肤发黑的主要症状表现见表8.14。

表 8.14 皮肤发黑的主要症状

疾病类别	疾病名称	主要症状
传染病	黑疫	发生于肝片吸虫流行地区，突然死亡，皮肤发黑（有青灰色区域），心包积液
	肠毒血症	主要危害优秀的羔羊，有时可见腹部和腿内侧的皮肤发黑，肠空虚，肠壁脆弱，心包积液
	恶性水肿和黑腿病	突然死亡，受感染的局部发黑
	乳房炎	病程较长时，可见乳房发黑，并延伸到腹部
普通病	撞伤或跌伤	撞跌部位发黑

第二节　羊常见传染病防治技术

一、口蹄疫防治技术规范

口蹄疫是由口蹄疫病毒引起的以偶蹄动物为主的急性、热性、高度传染性疫病，世界动物卫生组织（OIE）将其列为必须报告的动物传染病，中国规定为一类动物疫病。

为预防、控制和扑灭口蹄疫，依据《中华人民共和国动物防疫法》《重大动物疫情应急条例》《国家突发重大动物疫情应急预案》等法律法规，制定口蹄疫防治技术规范。

【流行病学特点】 偶蹄动物，包括牛科动物（牛、瘤牛、水牛、牦牛）、绵羊、山羊、猪及所有野生反刍和猪科动物均易感，驼科动物（骆驼、单峰骆驼、美洲驼、美洲骆马）易感性较低。

传染源主要为潜伏期感染及临床发病动物。感染动物呼出物、唾液、粪便、尿液、乳、精液及肉和副产品均可带毒。康复期动物可带毒。

易感动物可通过呼吸道、消化道、生殖道和伤口感染病毒，通常以直接或间接接触（飞沫等）方式传播，或通过人或犬、蝇、蜱、鸟等动物媒介，或经车辆、器具等被污染物传播。如果环境气候适宜，病毒可随风远距离传播。

【临床症状】 羊跛行；唇部、舌面、齿龈、鼻镜、蹄踵、蹄叉、乳房等部位出现水疱；发病后期，水疱破溃、结痂，严重者蹄壳脱落，恢复期可见瘢痕、新生蹄甲；传播速度快，发病率高；成年动物死亡率低，幼畜常突然死亡且死亡率高。

【病理变化】 消化道可见水疱、溃疡；幼畜可见骨骼肌、心肌表面出现灰白色条纹，形色酷似虎斑。

【病原学检测】 间接夹心酶联免疫吸附试验，检测阳性；RT－PCR 试验，检测阳性；反向间接血凝试验（RIHA），检测阳性；病毒分离，鉴定阳性。

【血清学检测】 中和试验，抗体阳性；液相阻断酶联免疫吸附试验，抗体阳性；非结构蛋白ELISA检测感染抗体阳性；正向间接血凝试验（IHA），抗体阳性。

【结果判定】 疑似口蹄疫病例：符合该病的流行病学特点和临床诊断或病理诊断指标之一，即可定为疑似口蹄疫病例。确诊口蹄疫病例：疑似口蹄疫病例，病原学检测方法任何一项阳性，可确诊为口蹄疫病例；疑似口蹄疫病例，在不能获得病原学检测样本的情况下，未免疫家畜血清抗体检测阳性或免疫家畜非结构蛋白抗体ELISA检测阳性，可判定为口蹄疫病例。

【疫情报告】 任何单位和个人发现家畜上述临床异常情况的，应及时向当地动物防疫监督机构报告。动物防疫监督机构应立即按照有关规定赴现场进行核实。

【疫情处置】 对疫点实施隔离、监控，禁止家畜、畜产品及有关物品移动，并对其内、外环境实施严格的消毒措施。必要时采取封锁、扑杀等措施。

【免疫】

（1）国家对口蹄疫实行强制免疫，各级政府负责组织实施，当地动物防疫监督机构进行监督指导。免疫密度必须达到100%。

（2）预防免疫，按农业部制订的免疫方案规定的程序进行。

（3）所用疫苗必须采用农业部批准使用的产品，并由动物防疫监督机构统一组织、逐级供应。

（4）所有养殖场/户必须按科学合理的免疫程序做好免疫接种，建立完整免疫档案（包括免疫登记表、免疫证、免疫标识等）。

（5）任何单位和个人不得随意处置及转运、屠宰、加工、经营、食用口蹄疫病（死）畜及产品；未经动物防疫监督机构允许，不得随意采样；不得在未经国家确认的实验室剖检分离、鉴定、保存病毒。

二、羊痘防治技术规范

羊痘是一种急性接触性传染病。分布很广，群众称之为“羊天花”或“羊出花”。本病在绵羊及山羊都可发生，也能传染给人。其特征是有一定的病程，通常都是由丘疹到水疱，再到脓疱，最后结痂。绵羊易感性比山羊大，造成的经济损失很严重。除了死亡损失比山羊高以外，还由于病后恢复期较长，导致营养不良，使羊毛的品质变劣；怀孕病羊常常流产；羔羊的抵抗力较弱，死亡率更大，故应加强防治，彻底扑灭。

【流行病学特点】 羊痘可发生于全年的任何季节，但以春秋两季比较多发，传播很快。病的主要传染来源是病羊，病羊呼吸道的分泌物、痘疹渗出液、脓汁、痘痂及脱落的上皮内都含有病毒，病期的任何阶段都有传染性。当健羊和病羊直接或间接接触时，很容易受到传染。病的天然传染途径为呼吸道、消化道和受损伤的表皮。受到污染的饲料、饮水、羊毛、羊皮、草场、初愈的羊以及接触的人畜等，都能成为传播的媒介。但病愈的羊能获得终身免疫。潜伏期2～12天，平均6～8天。

【临床症状】 发痘前，可见病羊体温升高到41～42℃，食欲减少，结膜潮红，从鼻孔流出黏性或脓性鼻涕，呼吸和脉搏增快，经1～4天开始发痘。

发痘时，痘疹大多发生于皮肤无毛或少毛部分，如眼的周围、唇、鼻翼、颊、四肢和尾的内面、阴唇、乳房、阴囊及包皮上。山羊大多发生在乳房皮肤和乳头上。开始为红斑，1～2天形成丘疹，凸出皮肤表面，随后丘疹渐增大，变成灰白色水疱，内含清亮的浆液。此时病羊体温下降。

在羊痘流行中，由于个体的差异，有的病羊呈现非典型经过，如在形成丘疹后，不再出现其他各期变化；有的病羊经过很严重，痘疹密集，互相融合连成一片，由于化脓菌侵入，皮肤发生坏死或坏疽，全身病状严重；甚至有的病羊在痘疹聚集的部位或呼吸道和消化道发生出血。这些重病例多死亡。一般典型病程需3～4周，冬季较春季为长。如有并发肺炎（羔羊较多）、胃肠炎、败血症等时，病程可延长或早期死亡。

还有各种不典型的症状：①只呈呼吸道及眼结膜的卡他症状，并无痘的发生，这是因为羊的抵抗力特别强大。②丘疹并不变成水疱，数日内脱落而消失。③脓疱特别多，互相融合而形成大片脓疱，即形成融合痘。④有时水疱或脓疱内部出血，羊的全身症状剧烈，形成溃疡及坏死区，称为黑痘或出血痘。⑤若伴发整块皮肤的坏死及脱落，则称为坏疽痘，此型痘通常引起死亡。

【剖检】 特征性的病理变化主要见于皮肤及黏膜。尸体腐败迅速。在皮肤（尤其是毛少的部分）上可见到不同时期的痘疱。呼吸道黏膜有出血性炎症，有时有增生性病灶，呈灰白色，圆形或椭圆形，直径约1厘米。气管及支气管内充满混有血液的浓稠黏液。有继发病症时，肺有肝变区。消化道黏膜亦有出血性发炎，特别是肠道后部，常可发现不深的溃疡，有时也有脓疱。病势剧烈时，前胃及真胃有水疱，间或在瘤胃有丘疹出现。淋巴结水肿、多汁而发炎。肝脏有脂肪变性病灶。

【诊断】 在典型的情况下，可根据标准病程（红斑、丘疹、水疱、脓疱及结痂）确定诊断。当症状不典型时，可用病羊的痘液接种给健羊进行诊断。区别诊断：在液疱及结痂期间，可能误认为是皮肤湿疹或疥癣病，但此二病均无发热等全身症状，而且湿疹并无传染性；疥癣病虽能传染，但发展很慢，并不形成水疱和脓疱，在镜检刮屑物时可以发现螨虫。

【防治】

（1）平时做好羊的饲养管理，经常打扫圈舍，保持干燥清洁，抓好秋膘。冬春季节要适当补饲，做好防寒过冬工作。

（2）在羊痘常发地区，每年定期预防注射羊痘鸡胚化弱毒疫苗，大小羊一律尾内或股内皮下注射0.5毫升，山羊皮下注射2毫升。

（3）当发生羊痘时，立即将病羊隔离，羊圈及管理用具等进行消毒。对尚未发病羊群，用羊痘鸡胚化弱毒苗进行紧急注射。

（4）对于绵羊痘采用自身血液疗法能刺激淋巴、循环系统及器官，特别是网状内皮系统，使其发挥更大的作用，促进组织代谢，增强机体全身及局部的反应能力。

（5）对皮肤病变酌情进行对症治疗，如用0.1%高锰酸钾溶液清洗后，涂碘甘油、紫药水。对细毛羊、羔羊，为防止继发感染，可以肌内注射青霉素 80 万～160 万单位，每日 1～2 次，或用 10% 磺胺嘧啶 10～20 毫升，肌内注射 1～3 次。用痊愈血清治疗，大羊为 10～20 毫升，小羊为 5～10 毫升，皮下注射，预防量减半。用免疫血清效果更好。

三、布鲁杆菌病防治技术规范

布鲁杆菌病（布氏杆菌病，简称布病）是由布鲁杆菌属细菌引起的人兽共患的常见传染病。中国将其列为二类动物疫病。为了预防、控制和净化布病，依据《中华人民共和国动物防疫法》及有关的法律法规，制定布鲁杆菌病防治技术规范。

【流行病特点】 布鲁杆菌是一种细胞内寄生的病原菌，主要侵害动物的淋巴系统和生殖系统。病畜主要通过流产物、精液和乳汁排菌，污染环境。羊、牛、猪的易感性最强。母畜比公畜发病多，成年畜比幼年畜发病多。在母畜中，第一次妊娠母畜发病较多。带菌动物，尤其是病畜的流产胎儿、胎衣是主要传染源。消化道、呼吸道、生殖道是主要的感染途径，也可通过损伤的皮肤、黏膜等感染。常呈地方性流行。

人主要通过皮肤、黏膜、消化道和呼吸道感染，尤其以感染羊种布鲁杆菌、牛种布鲁杆菌最为严重。

【临床症状】 潜伏期一般为 14～180 天。

最显著症状是怀孕母畜发生流产，流产后可能发生胎衣滞留和子宫内膜炎，从阴道流出污秽不洁、恶臭的分泌物。新发病的畜群流产较多；老疫区畜群发生流产的较少，但发生子宫内膜炎、乳房炎、关节炎、胎衣滞留、久配不孕的较多。公畜往往发生睾丸炎、附睾炎或关节炎。

【病理变化】 主要病变为生殖器官的炎性坏死，脾、淋巴结、肝、肾等器官形成特征性肉芽肿（布病结节）。有的可见关节炎。胎儿主要呈败血症病变，浆膜和黏膜有出血点和出血斑，皮下结缔组织发生浆液性、出血性炎症。

【疫情报告】 任何单位和个人发现疑似疫情，应当及时向当地动物防疫监督机构报告。

动物防疫监督机构接到疫情报告并确认后，按《动物疫情报告管理办法》及有关规定及时上报。

【疫情处理】 发现疑似疫情，畜主应限制动物移动；对疑似患病动物应立即隔离。

【预防和控制】 非疫区以监测为主；稳定控制区以监测净化为主；控制区和疫区实行监测、扑杀和免疫相结合的综合防治措施。

1. 免疫接种 疫情呈地方性流行的区域，应采取免疫接种的方法。疫苗选择布病疫苗S2株、M5株、S19株以及经农业部批准生产的其他疫苗。

2. 无害化处理 患病动物及其流产胎儿、胎衣、排泄物、乳、乳制品等按照GB 16548—1996《畜禽病害肉尸及其产品无害化处理规程》进行无害化处理。

3. 消毒 对患病动物污染的场所、用具、物品严格进行消毒。饲养场的金属设施、设备可采取火焰、熏蒸等方式消毒；养畜场的圈舍、场地、车辆等，可选用2%氢氧化钠等有效消毒药消毒；饲养场的饲料、垫料等，可采取深埋发酵处理或焚烧处理；粪便消毒采取堆积密封发酵方式。皮毛消毒用环氧乙烷、福尔马林熏蒸等。

发生重大布病疫情时，当地县级以上人民政府应按照《重大动物疫情应急条例》有关规定，采取相应的扑灭措施。

四、羊传染性胸膜肺炎防治技术规范

羊传染性胸膜肺炎是由山羊丝状支原体引起的，呈革兰阴性。病原体存在于病羊的肺脏和胸膜渗出液中，主要通过呼吸道感染。传染迅速，发病率高，在自然条件下，丝状支原体山羊亚种只感染山羊，3岁以下的山羊最易感染，而绵羊肺炎支原体则可感染山羊和绵羊。

【流行病学特点】 病羊和带菌羊是本病的主要传染源。本病常呈地方流行性，接触传染性很强，主要通过空气、飞沫经呼吸道传染。阴雨连绵，寒冷潮湿，羊群密集、拥挤等因素，有利于空气、飞沫传染的发生；呈地方流行；冬季流行期平均为15天，夏季可维持2个月以上。

【临床症状】 以咳嗽、胸肺粘连等为特征。潜伏期18～26天，病初体温升高到41～42℃，热度呈稽留型或间歇型。有肺炎症状，压迫病羊肋间隙时，感觉痛苦。病的末期，常发展为肠胃炎，伴有带血的急性下痢，渴欲增加。孕羊常发生流产。

【防治】 每年秋季注射一次胸膜肺炎疫苗；杜绝羊只、人员串动；圈舍定期消毒。用沙星类药物治疗和预防有特效。

平时预防，除加强一般措施外，关键问题是防止引入或迁入病羊和带菌者。新引进羊只必须隔离检疫1个月以上，确认健康时方可混群。

发病羊群应进行封锁，及时对全群进行逐头检查，对病羊、可疑病羊和假定健康羊分群隔离和治疗；对被污染的羊舍、场地、饲管用具和病羊的尸体、粪便等，进行彻底消毒或无害处理。

五、羊常见细菌性猝死症防治

引起羊猝死的细菌性疾病较多，常见的有羊快疫、羊猝疽、羊肠毒血症、羊炭疽、羊黑疫、肉毒梭菌病和链球菌病等。这些疾病均引起羊在短期内死亡，且症状类似。

1. 羊快疫

【病原】 病原体为腐败梭菌。通过消化道或伤口传染。经过消化道感染的，可引起羊快疫；经过伤口感染的，可引起恶性水肿。

【感染途径】 在自然条件下，如在被死于羊快疫病羊尸体污染的牧场放牧或吞食了被其污染的饲料，都可发生感染。很多降低抵抗力的因素，如寒冷、冰冻饲料、绦虫等，可促进该病发生。

【症状】 该病的潜伏期只有几小时，突然发病，在10～15分钟内迅速死亡，有时可以延长到2～12小时。死前痉挛、膨胀，结膜急剧充血。常见的现象是羔羊当天表现正常，第二天早晨却发现死亡；其发病症状主要表现为体温升高，食欲废绝，离群静卧，磨牙，呼吸困难，甚至发生昏迷，天然无绒毛部位有红色渗出液，头、喉、舌等部黏膜肿胀，呈蓝紫色，口腔流出带血泡沫，有时发生带血下痢，常有不安、兴奋、突跃式运动或其他神经症状。

【治疗】 磺胺类药物及青霉素均有疗效，但由于病期短促，生产中很难生效。

【预防】 每年定期应用羊快疫、羊猝疽、羊肠毒血症、羔羊痢疾四联苗预防注射。

羊群中一旦发病，立即将病羊隔离，并给发病羊群全部灌服0.5%高锰酸钾溶液250毫升或1%硫酸铜溶液80～100毫升，同时进行紧急接种。

病死羊尸体、粪便和污染的泥土一起深埋，以断绝污染土壤和水源的机会。圈舍用3%氢氧化钠彻底消毒。也可以用20%漂白粉消毒。

2. 羊猝疽

【病原】 本病是由C型魏氏梭菌引起的一种毒血症。

【症状】 急性死亡、腹膜炎和溃疡性肠炎为特征，十二指肠和空肠黏膜严重充血糜烂，个别区段有大小不等的溃疡灶。常在死后8小时内，由于细菌的增殖，于骨骼肌肌间积聚有血样液体，肌肉出血，有气性裂孔。以1～2岁的绵羊发病较多。

【诊断】 本病的流行特点、症状与羊快疫相似，这两种病常混合发生。诊断主要靠肠内容物毒素种类的检查和细菌的定型，其方法见肠毒血症的诊断。

【预防和治疗】 同羊快疫和羊肠毒血症。

3. 羊肠毒血症

【病原】 羊肠毒血症是魏氏梭菌产生毒素所引起的绵羊急性传染病。

【感染途径】 本菌常见于土壤中，通过口腔进入胃肠道，在真胃和小肠内大量繁殖，产生大量毒素。毒素被机体吸收后，可使羊体发生中毒而引起发病。

【症状】 以发病急，死亡快，死后肾脏多见软化为特征。又称软肾病、类快疫。

最急性病羊死亡很快。个别呈现疝痛症状，步态不稳，呼吸困难，有时磨牙、流涎，短时间内倒地死亡。急性的表现为，病羊食欲消失，下痢，粪便恶臭，带有血液及黏液，意识不清，常呈昏迷状态，经过1~3日死亡。有的可能延长，其表现特点有时兴奋，有时沉郁，黏膜有黄疸或贫血，这种情况，虽然可能痊愈，但大多数失去经济利用价值。

【诊断】 病的诊断以流行病学、临床症状和病例剖检为基础，注意个别羔羊突然死亡。剖检见心包扩大，肾脏变软或呈乳糜状。但最根本的方法是细菌学检查。

【预防和治疗】 同羊快疫。

4. 炭疽

【病原】 炭疽是由炭疽杆菌引起的传染病，常呈败血性。

【症状】 潜伏期1~5天。根据病程，可分为最急性型、急性型、亚急性型。

（1）最急性型：突然昏迷、倒地，呼吸困难，黏膜青紫色，天然孔出血。病程为数分钟至几小时。

（2）急性型：体温达42℃，少食，呼吸加快，反刍停止，孕羊可流产。病情严重时，惊恐、咩叫，后变得沉郁，呼吸困难，肌肉震颤，步态不稳，黏膜青紫。初便秘，后可腹泻、便血，有血尿。天然孔出血，抽搐痉挛。病程一般1~2天。

（3）亚急性型：在皮肤、直肠或口腔黏膜出现局部的炎性水肿，初期硬，有热痛，后变冷而无痛。病程为数天至一周以上。

【预防】 经常发生炭疽的地区，应进行预防注射。未发生过本病的地区在引进羊时要严格检疫，不要买进病羊。尸体要焚烧、深埋，严禁食用；对病羊污染的环境可用20%漂白粉彻底消毒。疫区应封锁，疫情完全消灭后14天才能解除。

5. 羊黑疫 羊黑疫又称传染性坏死性肝炎，是羊的一种急性高度致死性毒血症。

【发病特点】 以2~4岁、营养好的绵羊多发，山羊也可发生。主要发生于低洼潮湿地区，以春、夏季多发。

【症状】 临床症状与羊肠毒血症、羊快疫等极其相似，病程短促。病程长的病例1～2天。常食欲废绝，反刍停止，精神不振，放牧掉群，呼吸急促，体温41℃左右，昏睡俯卧而死。

【防治】 病程稍缓病羊，肌内注射青霉素80万～160万单位，每天2次。也可静脉或肌内注射抗诺维梭菌血清，每次50～80毫升，连续用1～2次。

控制肝片吸虫的感染，定期注射羊厌气菌病五联苗，皮下或肌内注射5毫升。发病时一般圈至高燥处，也可用抗诺维梭菌血清早期预防，皮下或肌内注射10～15毫升，必要时重复1次。

6. 肉毒梭菌中毒

【病因】 肉毒梭菌存在于家畜尸体内和被污染的草料中，该菌在适宜的条件下（潮湿、厌氧，18～37℃）能够繁殖，产生外毒素。羊只吞食了含有毒素的草料或尸体后，即会引起中毒。

【症状】 羊中毒后一般表现为吞咽困难，卧地不起，头向侧弯，颈、腹部和大腿肌肉松弛。一般体温正常，多数1日内死亡。最急性的，不表现任何症状，突然死亡。慢性的，继发肺炎，消瘦死亡。

【防治】 不用腐败发霉的饲料喂羊，清除牧场、羊舍和周围的垃圾、尸体。定期预防注射类毒素。注射肉毒梭菌抗毒素6万～10万单位；投服泻剂清理肠胃；配合对症治疗。

7. 羊链球菌病

【病原】 病原体为C型溶血性链球菌。多经呼吸道感染。当天气寒冷、饲料不好时容易发病，在牧草青黄不接时最容易发病和死亡。新发地区多呈流行性，常发地区则呈地方流行性或散发性。

【症状】 病程短，最急性病例24小时内死亡，一般为2～3天。病初体温高达41℃以上；结膜充血，有脓性分泌物；鼻孔有浆液、黏液脓性鼻液；有时唇舌肿胀流涎，并混有泡沫；颌下淋巴结肿大，咽喉肿胀，呼吸急促，心跳加快；排软便，带黏液或血。最后衰竭卧地不起。

【诊断】 根据发病季节、症状和剖检，可以做出初步诊断。细菌学检查具有确诊意义。

【防治】 加强饲养管理，保证羊体健壮。每年秋季注射疫苗。圈舍定期消毒。治疗可用青霉素、磺胺类。

8. 羊快疫、羊猝疽、羊肠毒血症、羊炭疽区分 羊快疫病原体为腐败梭菌、羊猝疽病原体为C型魏氏梭菌、羊肠毒血症病原体为D型魏氏梭菌、炭疽病原为炭疽杆菌。这些传染病羊易感，对养羊业危害较大，且症状有些相似，应注意鉴别（表8.15）。

表8.15　羊快疫、羊猝疽、羊肠毒血症、羊炭疽的鉴别

鉴别要点	羊快疫	羊肠毒血症	羊猝疽	羊炭疽
发病年龄	6～18个月	2～12个月	1～2岁	成年羊
营养状况	膘情好者多发	膘情好者多发	膘情好者多发	营养不良者多发
发病季节	秋季和早春多发	春夏之交和秋季多发	冬、春多发	夏、秋多发
发病诱因	气候骤变	过食精饲料等	多见阴洼沼泽地区	气温高、雨水多、昆虫活跃
高血糖和尿糖	无	有	无	无
胸腺出血	无	有	无	—
真胃出血性炎	很显著、弥漫性、斑块状	无特征	轻微	较显著，小点状
小肠溃疡性炎	无	无	有	无
骨骼肌气肿出血	无	无	死后8小时出现	无
肾脏软化	少有	死亡时间较久者多见	少有	一般无
急性脾肿	无	无	无	有
抹片检查	肝被膜上常有长丝状的腐败梭菌	血液和脏器组织一般不见细菌	体腔渗出液和脾脏抹片中可见C型魏氏梭菌	血液和脏器涂片见有荚膜的炭疽杆菌

六、绵羊肺腺瘤病的防治

绵羊肺腺瘤病是绵羊的一种慢性、进行性、接触性传染的肺脏肿瘤性疾病，此病也发生在山羊。是以患羊咳嗽、呼吸困难、消瘦、大量浆液性鼻漏、Ⅱ型肺泡上皮细胞和无纤毛细支气管上皮细胞肿瘤性增生为主要特征的疾病。中国首例绵羊肺腺瘤病是1951年西北畜牧兽医学院朱宣人在病检时发现的。目前除澳大利亚、新西兰未见该病报道，冰岛已用严厉措施灭绝了该病外，世界上多数养羊业发达的国家和地区都有该病的发生和流行。

【病原】 本病病原称为绵羊肺腺瘤病毒或驱赶病毒。本病毒抵抗力不强，在56℃ 30分钟灭活，对氯仿和酸性环境都很敏感。-20℃保存的病肺细胞里的病毒可存活数年。本病毒不易在体外培养，而只能依靠人工接种易感绵羊来获得病毒。用病料经鼻或气管接种绵羊，经3~7个月的潜伏期后出现临床症状，在肺脏及其分泌物中含有较多的病毒。

【流行病学】 本病多为散发，有时也能大批发生。冬季寒冷以及羊圈中羊只拥挤，可促进本病的发生和流行。羊群长途运输或驱赶，尘土刺激、细菌及寄生虫侵袭等均可引起肺源性损伤，导致本病的发生。不同品种、年龄、性别的绵羊均易感染，品种间以美利奴绵羊的易感性最高，母羊发病较多，成年绵羊特别是3~5岁的发病较多。在特殊情况下，也可发生于2~3月龄绵羊。病羊是本病的传染源，通过咳嗽和喘气可将病毒排出，经呼吸道传染给易感羊，也有通过胎盘而使羔羊发病的报道。

【临床症状】 绵羊肺腺瘤病有较长潜伏期，人工感染潜伏期为3~7个月。只有较大的绵羊和成年绵羊有临床表现，早期病羊精神不振、被毛粗乱、步态僵硬，逐渐消瘦，结膜呈粉白色，无明显体温反应。出现咳嗽、喘气、呼吸困难症状。在剧烈运动或驱赶时呼吸加快。后期呼吸快而浅，吸气时常见头颈伸直，鼻孔扩张，张口呼吸。病羊常有混合性咳嗽，呼吸道积液是本病的特有症状，听诊时呼吸音明显，容易听到升高的湿性啰音。当支气管分泌物聚积在鼻腔时，则随呼吸发出鼻塞音。若头下垂或后躯居高时，可见到泡沫状黏液和鼻中分泌物从鼻孔流出。病羊体温正常，但在病的后期可能继发细菌感染，引起化脓性肺炎，导致急性发病，有时为发热性病程。本病末期，病羊衰竭、消瘦、贫血，但仍然保持站立姿势，因为躺卧时呼吸更加困难，直至死亡。

【病理变化】 病羊死后剖检时的病理变化主要集中在肺脏。病羊的肺脏比正常的大2~3倍。在肺的心叶、尖叶和膈叶的下部，可见大量灰白色乃至浅黄褐色结节，直径1~3厘米；外观圆形，质地坚实，密集的小结节发生融合，形成大小不一、形态不规则的大结节，甚至可波及一个肺叶的大部分。如有继发感染，则出现大小不等的化脓灶。病变部位的肺胸膜常与胸壁及心包膜粘连。部分病羊因肿瘤转移，致使支气管周围淋巴结增大，形成不规则的肿块。左心室增生、扩张。组织学变化可见肺肿瘤，是由增生的肺泡和支气管的上皮增生所组成。病羊的肺脏病理组织切片，可见Ⅱ型肺泡上皮细胞大量增生，形成许多乳头状腺癌灶，乳头状的上皮细胞突起向肺泡腔内扩张。有的腺癌灶周围的肺泡腔内充满大量增生脱落的上皮细胞，主要以Ⅱ型肺泡上皮细胞为主。这些增生脱落的细胞伴随大量渗出液体，经呼吸道从鼻腔排出。从而可以从病羊鼻腔分泌物的推片染色镜检中发现有大量Ⅱ型肺泡上皮细胞存在。病后期，肺的切面有水肿液流出。

【诊断】 目前对于活体绵羊是否患有绵羊肺腺瘤病还没有一种很明确的诊断方法，对本病的诊断主要依靠病史、临床症状、病理剖检和组织学变化进行。对可疑的病羊做驱赶试验，观察呼吸数变化、咳嗽和流鼻液情况。提起病羊后躯，使头部下垂观察鼻液流出情况等可做出初步诊断。在感染羊的循环血液中检测不到相应抗体，只能通过分子克隆技术而获得融合蛋白，用来免疫家兔或山羊，产生的抗血清即能与融合蛋白起抗原抗体反应，也能与被检样品中的SPA病毒起反应，从而达到诊断的目的。

当病羊通过上述方法初步诊断为本病时，可以对病羊进行以下几方面的检测：①病羊鼻腔分泌物的光镜下观察。②病毒抗原的检测，对病羊的分泌物或肺脏匀浆进行酶联免疫吸附试验和免疫印迹试验。③动物接种试验。④绵羊肺腺瘤病反转录病毒（JSRV）的克隆和序列分析使建立有效的 PCR 诊断方法成为可能。

【防治】 目前还没有可用的疫苗。本病的防治应严禁从有病国家和羊群引进动物。在发生本病地区，将临床发病羊全部屠宰、淘汰，发病羊群应加以隔离。对圈舍和草场等环境进行严格消毒并空闲一定时间再重新使用。在非疫区，严禁从疫区引进绵羊和山羊；如引进种羊，须严格检疫后隔离，进行长时间观察，做定期临床检查，如无异状再行混群。消除和减少诱发本病的各种因素，加强饲养管理，改善环境卫生，防止疾病的发生。

绵羊肺腺瘤病是 2008 年中华人民共和国农业部公告第 1125 号规定的三类动物疫病之一，由于本病分布广泛和高度的病死率，给养羊业带来严重危害，越来越多地引起兽医学界的广泛关注。作为进出口检疫部门，加强对本病的研究和诊断可对中国进出口羊检疫时提供有效方法，并且对病羊群的检疫、净化和清群提供帮助，防止绵羊肺腺瘤病的传入或传出。

七、结核类疾病防治

1. 山羊结核病

【病原】 本病病原为结核杆菌。结核杆菌分为三型，即人型、牛型和禽型。这三种细菌是同一种微生物的变种，是由于长期分别生存于不同机体而适应的结果。结核杆菌对于干燥、腐败作用和一般消毒药的耐受性很强，日光和高温容易杀死本菌，日光照射半小时到两小时死亡，煮沸时 5 分钟以内即死亡。

【传染途径】 这三型杆菌均可感染人畜。主要通过呼吸道和消化道感染。病羊或其他病畜的唾液、粪尿、乳汁、泌尿生殖道分泌物及体表溃疡分泌物中都含有结核杆菌。结核杆菌进入呼吸道或消化道即可感染。

【症状】 山羊结核病症状不明显，一般为慢性经过。轻度感染的病羊没有临床症状，病重时食欲减退、全身消瘦、皮毛干燥、精神不振。常排出黄色稠鼻液，甚至含有血丝，呼吸带痰音，发生湿性咳嗽。病的后期表现贫血，呼气带臭味，磨牙，喜好吃土。体温升高到40～41℃。

【诊断】 主要通过结核菌素点眼和皮下注射试验。

【防治】 主要通过检疫，阳性捕杀，使羊群净化。对有价值的种羊须治疗时，可采用链霉素、异烟肼（雷米封）、对氨基水杨酸钠或盐酸黄连素治疗。

2. 羊副结核病

【病因】 副结核病又称副结核性肠炎、稀屎痨，是牛、绵羊、山羊的一种慢性接触性传染病，分布广泛。在青黄不接，草料供应不上、羊只体质不良时，发病率上升。转入青草期，病羊症状减轻，病情大见好转。

【发病特点】 副结核分枝杆菌主要存在于病畜的肠道黏膜和肠系膜淋巴结，通过粪便排出，污染饲料、饮水等，经消化道感染健康家畜。幼龄羊的易感性较大，大多在幼龄时感染，经过很长的潜伏期，到成年时才出现临床症状，特别是由于机体的抵抗力减弱、饲料中缺乏无机盐和维生素时，容易发病；呈散发或地方性流行。

【症状】 病羊腹泻反复发生，稀便呈卵黄色、黑褐色，带有腥臭味或恶臭味，并带有气泡。开始为间歇性腹泻，逐渐变为经常性而又顽固的腹泻，后期呈喷射状排出。有的母羊泌乳减少，颜面及下颌部水肿，腹泻不止，最后消瘦枯立，衰竭而死。病程长短不一，病程4～5天，长的可达70多天，一般是15～20天。

【防治】 对疫场（或疫群）可采用以提纯副结核菌素变态反应为主要检疫手段，每年检疫4次，凡变态反应阳性而无临床症状的羊，立即隔离，并定期消毒；无临床症状但粪便检菌阳性或补给阳性者均应扑杀。非疫区（场）应加强卫生措施，引进种羊应隔离检疫，无病才能入群。在感染羊群，采取接种副结核灭活疫苗综合防治措施，可以使本病得到控制和逐步消灭。

3. 山羊伪结核

【病原】 本病病原为假结核棒状杆菌或啮齿类假结核杆菌。不能形成芽孢，容易被杀死，在土壤中不能长期存活，但圈舍的环境有利于本菌的繁殖，因此羊群易发本病。

【传染途径】 本病主要通过伤口传染，尤其是在梳绒剪毛时易发，此外如脐带伤、打耳标等，都可成为细菌侵入的途径。

【症状】 最常患病的部位在肩前、股前及头颈部的淋巴结。淋巴结肿胀，内含黄色的豆渣样物。有时发生在睾丸。当肺部患病时，引起慢性咳嗽，呼吸快而费力，咳嗽痛苦，鼻孔流出黏液或脓性黏液。

【诊断】 本病主要根据特殊病灶做出诊断。

【预防】 因为该病主要通过伤口感染，所以伤口要严格消毒；梳绒剪毛时受伤概率最大，对有病灶的羊最后梳剪，且用具要经常消毒。处理假结核脓肿时，脓汁要消毒处理。

【治疗】 外部脓肿切开排脓。在切开脓肿时，间或可能使病原入血，引起其他部分脓肿。但待自行破裂又容易造成脓肿乱散而扩大传染。所以最好是在即将破裂之前人工切开。破裂之前表现为：脓肿显著变软，表面被毛脱落，局部皮肤发红。切开排脓清洗后，塞入吸有碘酊的纱布，一般一周即可痊愈。对内脏患病而出现全身症状者，一般治疗无效。

八、蓝舌病

【病原】 病原为蓝舌病病毒，病毒抵抗力很强，在50%甘油中可存活多年，对3%氢氧化钠溶液很敏感。已知本病毒有几种血清型，各型之间无交互免疫力。

【传染途径】 绵羊易感，牛和山羊的易感性较低。病的发生具有严格的季节性。主要由各种库蠓昆虫传播。本病的分布与这些昆虫的分布、习性和生活史密切相关。多发生于湿热的夏季和早秋。特别多见于池塘河流多的低洼地区。在流行地区的牛也可能是急性感染或为带毒牛。对本病来说，牛是宿主，库蠓是传播媒介，而绵羊是临床症状表现最严重的动物。

【症状】 潜伏期为3～8天，病初体温升高达40.5～41.5℃，稽留热5~6天。表现厌食、委顿、流涎，口唇水肿延生到面部和耳部，甚至颈部和腹部。口腔黏膜充血，后发绀，呈青紫色。在发热几天后，口腔连同唇、根、颊、舌黏膜糜烂，致使吞咽困难；随着病的发展，在溃疡损伤部位渗出血液，唾液呈红色，口腔发臭。鼻流炎性、黏液性分泌物，鼻孔周围结痂，引起呼吸困难和鼾声。有时蹄冠、蹄叶发生炎症，触之敏感，呈不同程度跛行。甚至膝行或卧地不动。病羊消瘦、衰弱，有的便秘或腹泻，有时下痢带血，早期有白细胞减少症。病程一般为6~14天，发病率一般为30%~40%，病死率2%~3%，有时高达90%；患病不死的羊经10~15天症状消失，6~8周后蹄部也恢复。怀孕4~8周的母羊感染时，其分娩的羔羊约有20%发育缺陷，如脑积水、小脑发育不足、回沟过多等。

【诊断】 根据典型症状如抽口发热，白细胞减少，口和唇肿胀和糜烂，跛行，行动强直，蹄的炎症及流行季节等可确诊。也可进行血清学诊断，方法有补体结合试验、中和试验、琼脂扩散试验、直接和间接荧光抗体技术、酶标记抗体法、核酸电泳分析与核酸探针检验等，其中以琼脂扩散试验较为常用。

【防治】 对病羊要精心护理，给以易消化的饲料，每天用温和的消毒液冲洗口腔和蹄部，必须注意病羊的营养状态。预防继发感染可用磺胺药或抗生素，有条件的地区或单位，发现病羊或分离出病毒的阳性羊予以捕杀；血清学阳性羊，要定期复检，限制其流动，就地饲养使用，不能留作种用。

九、羊口疮（传染性脓包皮炎）

【病原】 病原为滤过性口疮病毒。其形态与羊痘病毒相似。病痂内的病毒在炎热的夏季经过30~60天即失去传染力，但在秋冬季节散播在土壤里的病毒，到第二年春季仍有传染性。

【传染途径】 主要传染源是病羊，通过接触传染。也可经污染的羊舍、草场、草料、饮水和用具等感染。传染的门户是损伤的皮肤和黏膜。

【症状】 主要发生于两侧口角部、上下唇的内外面、齿龈、舌尖表面及硬腭等处，少数见于鼻孔及眼部。病初口角或上下唇的内外侧充血，出现散在的红疹。以后红疹数目逐渐增加，患部肿大，并形成脓疱。经2~4日，红疹全部变为脓疱。脓疱迅速破裂，形成无皮的溃疡，以后形成一层灰褐色痂块，痂块逐渐增大，结成黑色赘疣状的痂块，摸起来极为坚硬。如剥除痂块，疮面凹凸不平，容易出血。延及舌面、齿龈及硬腭的病变，常常烂成一片，但不经过结痂过程。

【诊断】 羔羊发病率高而严重，传染迅速。患病局限于唇部的为多数。病变特点是形成疣状结痂，痂块下的组织增生呈桑葚状。

【预防】 定期注射口疮疫苗。用0.1%高锰酸钾溶液清洗，10~15天即可痊愈。

十、羊衣原体病

衣原体病是由鹦鹉热衣原体引起羊、牛等多种动物的传染病。临诊病理特征为流产、肺炎、肠炎、多发性关节炎和脑炎。

【病因】 鹦鹉热衣原体属于衣原体科，衣原体属，革兰染色阴性。生活周期各期中形态不同，染色反应亦异。姬姆萨染色，形态较小、具有传染性的原生小体被染成紫色，形态较大、无传染性的繁殖性初体被染成蓝色。受感染的细胞内可查见各种形态的包涵体，主要由原生小体组成，对疾病诊断有特异性。衣原体在一般培养基上不能繁殖，常在鸡胚和组织培养中能够增殖。小鼠和豚鼠具有易感性。鹦鹉热衣原体抵抗力不强，对热敏感，感染鸡胚卵黄囊中的衣原体在-20℃可保存数年。0.1%福尔马林、0.5%石炭酸、70%酒精、3%氢氧化钠均能将其灭活。衣原体对青霉素、四环素、红霉素等抗生素敏感，而对链霉素有抵抗力。对磺胺类药物，沙眼衣原体敏感，而鹦鹉热衣原体则有抗药性。

【流行病学】 鹦鹉热衣原体可感染多种动物，但常为隐性经过。家畜中以羊、牛较为易感，禽类感染后称为“鹦鹉热”或“鸟疫”。许多野生动物和禽类是本菌的自然宿主。患病动物和带菌动物为主要传染源，可通过粪便、尿液、乳汁、泪液、鼻分泌物以及流产的胎衣、羊水排出病原体，污染水源、饲料及环境。本病主要经呼吸道、消化道及损伤的皮肤、黏膜感染；也可通过交配或用患病公畜的精液人工授精而感染，子宫内感染也有可能；蜱、螨等吸血昆虫叮咬也可能传播本病。本病一般呈散发性或地方性流行。密集饲养、营养缺乏、长途运输或迁徙、寄生虫侵袭等应激因素可促进本病的发生、流行。

【临床症状】 临诊上羊常表现以下几型：

（1）流产型：流产多发生于孕期最后一个月，病羊流产、死产和产出弱羔，胎衣往往滞留，排流产分泌物可达数日之久。流产过的母羊一般不再流产。

（2）关节炎型：主要发生于羔羊，引起多发性关节炎。病羔体温升至41～42℃，食欲丧失，离群，肌肉僵硬、疼痛，一肢或四肢跛行，有的则长期侧卧，体重减轻，并伴有滤泡性结膜炎，病程2～4周。羔羊痊愈后对再感染有免疫力。

（3）结膜炎型：结膜炎主要发生于绵羊特别是羔羊。病羊单眼或双眼均可发生，病眼流泪，结膜充血、水肿，角膜混浊，有的出现血管翳，甚至糜烂、溃疡或穿孔，一般经2～4天开始愈合。数日后，在瞬膜和眼睑上形成1～10毫米的淋巴样滤泡。部分病羔发生关节炎、跛行。病程一般6～10天或数周。

【病理变化】

（1）流产型：流产动物胎膜水肿、增厚；胎盘子叶出血、坏死，流产胎儿苍白，贫血，皮下水肿，皮肤和黏膜有点状出血，肝脏充血。组织学检查，胎儿肝、肺、肾、心肌和骨骼肌有弥漫性和局灶性网状内皮细胞增生。

（2）关节炎型：关节囊扩张，发生纤维素性滑膜炎。关节囊内集聚有炎性渗出物，滑膜附有疏松的纤维素性絮片。患病数周的关节滑膜层由于绒毛样增生而变粗糙。

（3）结膜炎型：眼观病变和临床所见相同，组织学变化限于结膜囊和角膜，疾病早期，结膜上皮细胞的胞浆里先出现衣原体的繁殖型初体，然后可见感染型原生小体，滤泡内淋巴细胞增生。

【疾病诊断】

（1）病原学检查。①病料采集：采集血液、脾脏、肺脏和气管分泌物、肠黏膜及肠内容物、流产胎儿及流产分泌物、关节滑液、脑脊髓组织等作为病料。②染色镜检：病料涂片或感染鸡胚多日黄液抹片，姬姆萨染色镜检，可发现圆形或卵圆形的病原颗粒，革兰染色阴性。③分离培养：将病料悬液0.2毫升接种于孵化5～7天的鸡胚卵黄囊内，感染鸡胚常于5～12天死亡，胚胎或卵黄囊表现充血、出血。取卵黄囊抹片镜检，可发现大量原生小体。有些衣原体菌株则需盲传几代，方能检出原生小体。④动物接种试验：经脑内、鼻腔或腹腔途径将病料接种于SPF小鼠或豚鼠，进行衣原体的增殖和分离。

（2）血清学试验补体结合试验、中和试验、免疫荧光试验等均可用于本病的诊断。本病的症状与布氏杆菌病、弯曲菌病、沙门杆菌病等疾病相似，如欲鉴别，可采用病原学检查和血清学试验。

【治疗】 治疗可肌内注射氟苯尼考，20～40毫克/千克体重，每天1次，连用1周；或肌内注射青霉素，160万～320万单位/次，每天2次，连用3天。也可将四环素族抗生素混于饲料，连用1～2周。

【预防】 加强饲养、卫生管理，消除各种诱发因素，防止寄生虫侵袭，避免羊群与鸟类接触，杜绝病原体传入。国内外已研制出用于绵羊、山羊的衣原体疫苗，可用作免疫接种。发生本病时，流产母羊及其所产羔羊应及时隔离。流产胎盘及排出物应予销毁。污染的圈舍、场地等环境用2%氢氧化钠溶液、2%来苏儿溶液等进行彻底消毒。

第三节　羊寄生虫病防治技术

一、螨病

螨病是羊的一种慢性寄生性皮肤病，由疥螨和痒螨寄生在体表而引起，短期内可引起羊群严重感染，危害严重。

【病原寄生虫】 疥螨寄生于皮肤角化层下，虫体在隧道内不断发育和繁殖。成虫体长0.2~0.5毫米，肉眼不易看见。痒螨寄生在皮肤表面，虫体长0.5~0.9毫米，长圆形，肉眼可见。

【症状】 病初，虫体刺激神经末梢，引起剧痒，羊不断在圈墙、栏柱等处摩擦；在阴雨天气、夜间、通风不好的圈舍会随着病情的加重，痒觉表现更加剧烈，继而皮肤出现丘疹、结节、水疱，甚至脓疮，以后形成痂皮和龟裂。特别是绵羊患疥螨病时，病变主要局限于头部，病变处如干涸的石灰。绵羊感染痒螨后，可见患部有大片被毛脱落。患羊因终日啃咬和摩擦患部，烦躁不安，影响采食和休息，日渐消瘦，最终可极度衰竭而死亡。

【发病特点】 本病主要发生于冬季和秋末春初。发病时，疥螨病一般始于羊皮肤柔软且短毛的部位，如嘴唇、口角、鼻面、眼圈及耳根部，以后皮肤炎症逐渐向周围蔓延；痒螨病则起始于被毛稠密和温度、湿度比较恒定的皮肤部分，如绵羊多发生于背部、臀部及尾根部，以后才向体侧蔓延。

【防治方法】 涂药疗法适合于病畜数量少，患部面积小，并可在任何季节使用，但每次涂擦面积不得超过体表的1/3。涂药用克霉唑搽剂（克霉唑1份、软肥皂1份、酒精8份，调和即成）、5%敌百虫溶液（来苏儿5份，溶于温水100份中，再加入5份敌百虫配成）。药浴疗法适用于病畜数量多且气候温暖的季节，药浴液用0.05%蝇毒磷乳剂水溶液，0.5%~1%敌百虫水溶液，0.05%辛硫磷乳油水溶液。

二、肠道线虫病

【病因】 羊通过采食被污染的牧草或饮水而感染。

【症状】 羊消化道线虫感染的临床症状以贫血、消瘦、下痢便秘交替和生产性能降低为主要特征。表现为患病动物结膜苍白、下颌间和下腹部水肿，便稀或便秘，体质瘦弱，严重时造成死亡。

【预防】

（1）加强饲养管理及卫生消毒工作。

（2）进行计划性驱虫。

（3）用噻苯唑进行药物预防。

【治疗】

（1）丙硫咪唑，按 5 ~ 20 毫克/千克体重，口服。

（2）吩噻唑，按 0.5 ~ 1.0 毫克/千克体重，混入稀面糊中或用面粉做成丸剂使用。

（3）噻苯唑，按 50 ~ 100 毫克/千克体重，口服。对成虫和未成熟虫体都有良好的效果。

（4）驱虫净，按 10 ~ 15 毫克/千克体重，配成 5% 的水溶液灌服。

三、绦虫病

本病分布很广，能引起羔羊的发育不良甚至死亡。

【病原】 本病的病原为绦虫，比较常见的有扩展莫尼茨绦虫和贝氏莫尼茨绦虫。是一种长带状而由许多扁平体节组成的蠕虫，寄生在羊的小肠中，羊放牧时吞食含有绦虫卵的地螨而引起感染。

【症状】 感染绦虫的病羊一般表现为食欲减退、饮欲增加、精神不振、虚弱、发育迟滞，严重时病羊下痢，粪便中混有成熟绦虫节片，病羊迅速消瘦、贫血，有时出现回旋运动或头部后仰的神经症状，有的病羊因虫体成团引起肠阻塞产生腹痛甚至肠破裂，因腹膜炎而死亡。后期经常做咀嚼运动，口周围有许多泡沫，最后死亡。

【预防】

（1）采取圈养的饲养方式，以免羊吞食地螨而感染。

（2）避免在低湿地放牧，尽可能地避免在清晨、黄昏和雨天放牧，以减少感染。

（3）定期驱虫，舍饲改放牧前对羊群驱虫，放牧一个月内两次驱虫，一个月后三次驱虫。

（4）驱虫后的羊粪便要及时集中堆积发酵或沤肥，至少 2 ~ 3 个月才能杀灭虫卵。

（5）经过驱虫的羊群，不要到原地放牧，及时地转移到清净的安全牧场，可有效地预防绦虫病的发生。

【治疗】

（1）丙硫咪唑：15～20毫克/千克体重，内服。

（2）苯硫咪唑：60～70毫克/千克体重，内服。

（3）硝氯酚：3～4毫克/千克体重，内服（肝片吸虫病）。

（4）三氯苯唑（肝蛭净）：10～12毫克/千克体重，内服（肝片吸虫病）。

（5）硫溴酚（蛭得净）：10～12毫克/千克体重，内服（肝片吸虫病）。

（6）氯硝柳胺：75～80毫克/千克体重，内服（前后盘吸虫）。

四、焦虫病

【病原】 焦虫病是由蜱传播的，这种病是一种季节性很强的地方性流行病。

【症状】 病羊精神沉郁，食欲减退或废绝，体温升高到40～42℃，呈稽留热型。呼吸促迫，喜卧地。反刍及胃肠蠕动减弱或停止。初期便秘，后期腹泻，粪便带血丝。羊尿混浊或血尿。可视黏膜充血，部分有眼屎，继而出现贫血和轻度黄疸，中后期病羊高度贫血，血液稀薄，结膜苍白。肩前淋巴结肿大，有的颈下、胸前、腹下及四肢发生水肿。

【预防】

（1）在秋冬季节，应搞好圈舍卫生，消灭越冬硬蜱的幼虫；春季刷拭羊体时，要注意观察和抓蜱。可向羊体喷洒敌百虫。

（2）加强检疫，不从疫区引进羊，新引进羊要隔离观察，严格把好检疫关。

（3）在流行地区，于发病季节前，每隔15天用三氮脒预防注射1次，按2毫克/千克体重配成7%水溶液肌内注射。

【治疗】

（1）贝尼尔（三氮脒，血虫净）：3.5～3.8毫克/千克体重，配成5%水溶液，分点深部肌内注射，1～2天/次，连用2～3次。

（2）阿卡普啉（硫酸喹啉脲）：0.6～1毫克/千克体重，配成

5%水溶液，分2～3次间隔数小时皮下或肌内注射，每天1次，连用2～3天。

（3）对症治疗：强心、补液、缓泻、灌肠等。

五、羊鼻蝇蛆病

羊鼻蝇蛆病是羊鼻蝇幼虫寄生在羊的鼻腔或额突里，并引起慢性鼻炎的一种寄生虫病。

【症状】 患羊表现为精神萎靡不振，可视黏膜淡红，鼻孔有分泌物，摇头，打喷嚏，运动失调，头弯向一侧旋转或发生痉挛、麻痹，听、视力降低，后肢举步困难，有时站立不稳，跌倒而死亡。

【发病特点】 羊鼻蝇成虫多在春、夏、秋出现，尤以夏季为多。成虫在6～7月开始接触羊群，雌虫在牧地、圈舍等处飞翔，钻入羊鼻孔内产幼虫。经3期幼虫阶段发育成熟后，幼虫从深部逐渐爬向鼻腔，当患羊打喷嚏时，幼虫被喷出，落于地面，钻入土中或羊粪堆内化为蛹，经1～2个月成蝇。雌雄交配后，雌虫又侵袭羊群再产幼虫。

【防治方法】 用1%～2%敌百虫5～10毫升从鼻腔注入；或用长针头穿刺骨泪泡，注入敌百虫水溶液0.1千克/千克体重；或做颈部皮下注射。

参考文献

[1] 权凯．肉羊标准化生产技术．北京：金盾出版社，2011.
[2] 赵兴绪．兽医产科学．4版．北京：中国农业出版社，2010.
[3] 权凯．农区肉羊场规划和建设．北京：金盾出版社，2010.
[4] 王建辰，曹光荣．羊病学．北京：中国农业出版社，2002.
[5] 权凯．牛羊人工授精技术图解．北京：金盾出版社，2009.
[6] 张英杰．羊生产学．北京：中国农业大学出版社，2010.
[7] 权凯．羊繁殖障碍病防治关键技术．郑州：中原农民出版社，2007.
[8] 赵有璋．羊生产学．北京：中国农业出版社，2002.

在国家层面，目前缺少宏观的战略方案，国家层面形成了若干政策意见，但也存在着约束力不够等问题，大数据不是一项基础信息技术，它是由业务需求来带动技术的发展，但是目前大数据技术还停留在信息技术领域，行业领域还处于启蒙的阶段，如果行业领域不能及时站到大数据的前沿位置，我们将无法有效地把握大数据的应用方向。

在人才层面，大数据的急剧增长，大大超过专业技术人才的培养速度，而且大数据带来新的处理技术，将变革从 20 世纪 70 年代形成的结构化数据处理技术，带来很繁重的人力技术转型问题。更为短缺的其实是能够将行业业务需求与数据分析技术结合在一起的分析人才，这些人才是推动跨界融合创新的主力军。如果处理大数据的人力资源不能保持同步提升，我们将无法跟上大数据的发展步伐。

大数据将遍及我们生活中的每个领域，因而大数据将成为涉及各行各业的新兴技术，国家必须为大数据技术的发展创造宽松的政策，奠定良好的环境，让各个机构将数据采集、存储、处理、利用到开放整个生命周期各个阶段有效地管理起来，让每一位公民在数据、信息、知识、理论、决策、效益的各个环节上发挥作用，才能充分挖掘出大数据的各种价值。这是一条数据“大循环”的发展道路。